时尚女神

李佑群时尚笔记

李佑群 著

林虹亨 绘

YOUQUN LEE'S
FASHION NOTE

青岛出版社
QINGDAO PUBLISHING HOUSE

图书在版编目（ＣＩＰ）数据

时尚女神：李佑群时尚笔记 / 李佑群著. —青岛 :青岛出版社, 2017.7
ISBN 978-7-5552-5637-3

Ⅰ. ①时… Ⅱ. ①李… Ⅲ. ①女性 – 服饰美学 Ⅳ.①TS976.4

中国版本图书馆CIP数据核字(2017)第150135号

书　　　名	时尚女神：李佑群时尚笔记	
	SHISHANG NÜSHEN LI YOUQUN SHISHANG BIJI	
著　　　者	李佑群	
插　　　画	林虹亨	
出 版 发 行	青岛出版社	
社　　　址	青岛市海尔路182号（266061）	
本 社 网 址	http://www.qdpub.com	
邮 购 电 话	13335059110　0532-85814750（传真）　0532-68068026	
策 划 组 稿	刘海波　周鸿媛	
责 任 编 辑	曲　静	
特 约 编 辑	刘百玉　孔晓南	
封 面 设 计	魏　铭	
制　　　版	青岛艺鑫制版印刷有限公司	
印　　　刷	青岛海蓝印刷有限责任公司	
出 版 日 期	2018年9月第1版　2018年9月第1次印刷	
开　　　本	16开（850毫米×1092毫米）	
印　　　张	16	
印　　　数	1-6500	
图　　　数	312	
书　　　号	ISBN 978-7-5552-5637-3	
定　　　价	48.00元	

编校印装质量、盗版监督服务电话　4006532017　0532-68068638
本书建议陈列类别：时尚生活

推荐语

在这个讲求美感的时代，我们需要的就是亲民、实用又有时尚态度的图书。

——Homer/I.T时装集团中国区形象副经理

从你拥有了时尚笔记的这一刻起，你将随着佑群老师的引领，为你的人生打造不平凡的每一天。

——吴依霖/知名发型师

简单翻阅时尚，每天都能自信满满，佑群老师让大家都能当最美的女孩！

——Popu Lady/元气女子团体

女孩们都来读一读，它会是个好姐妹、好老师，教会你怎么爱自己。

——房思瑜/超人气艺人

这是一本可以让你从头美到脚、从内靓到外的超实用秘籍，一定要拥有噢！

——王心凌/知名艺人

一个你不能不知的时尚人，一本你不能不读的时尚书。

——林浩正/Men's UNO创始人暨集团出版人

女人要有自信，要能穿出属于自己的味道，请勿错过《时尚女神：李佑群时尚笔记》，它会带领你找到自己的时尚观。

——王晓萍/MISS SOFI总经理

在佑群老师身上学到：时尚始终来自自信。

——林哲崴/华研国际音乐演艺经纪统筹

一本教你如何拥有好品位，掌握时尚穿搭策略，树立自我风格的时尚笔记。

——李青杉/Men's UNO集团出版总监

我相信这本书值得所有亚洲人来阅读。读了它，你可能变得每天都很时髦而且有品位；读了它，你可能会改变出生以来的自己。

——军地彩弓/前VOGUE girl JAPAN创刊人暨创意总监

想了解新的时尚、新的品位，你不可错过《时尚女神：李佑群时尚笔记》。

——宋新妮/知名艺人

时尚是一种生活态度。佑群老师以他的生活经验为时尚做出了完美的诠释。

——施彤/《女人我最大》节目制作人

我知道有一本书，可以带领人们翱翔在名为"时尚"的天空。

——陈柏霖/知名演员

李佑群，真诚的美学大师，华人圈的造型艺术家，这是一本令人激动的分享时尚秘诀的书。

——许淑悯/Longchamp（法国名牌）
中国台湾地区总经理

时尚、品位、李佑群。

——贺军翔/知名演员

佑群老师的时尚笔记能唤醒每个人心中的时尚魂。

——张伦维/Fashion Guide CEO

想要进一步认识自己、了解自己，请一定不要错过最了解女人的时尚男人写的《时尚女神：李佑群时尚笔记》。

——温筱鸿/《Taipei InDesign台北映时尚》
《Stephanie's View时尚名人荟》制作人暨主持人

10年前，佑群老师就是《米娜》读者的时尚领军人；10年后，佑群老师更是广大爱美女生的时尚偶像！

——杨扬/《米娜》杂志简体中文版
助理出版人兼主编

女人不管什么时候，对美的追求都应该像男人对成功的追求一样，是一种本能。看《时尚女神：李佑群时尚笔记》，不美不活。

——廖捷频/《型男志Men's JOKER》
执行出版人兼主编

如果你想要了解时尚、懂穿搭，就要跟着《时尚女神：李佑群的时尚笔记》在心里好好做笔记。

——刘佩/《女人我最大》杂志执行副总编辑

"美丽只是一种短暂的状态。"除非你拥有佑群老师的时尚笔记！

——苏益良/著名艺人御用摄影师

以我对他的认识，他不会轻易出一本书；而以他对时尚的认识，你大可放心地将它入手典藏。

——黄子佼/潮流教父

时尚是种生活态度，想成为型男型女并不难，崇尚自由穿搭的你，通过佑群老师的新书，可以运用搭配小贴士，轻松打造出专属自我的时尚风格。

——刘大强/知名造型师

李佑群老师历年部分代表作品 横跨高端时尚、潮流可爱等风格，从欧美到日韩的百变作品！

时尚的轨迹

1910 张孝全 *1920* 杨祐宁 *1930* 凤小岳 *1940* 白歆惠

写真集

贺军翔 大元 刘香慈
《南法寄出》 《元气女孩》 《卸下》

唱片专辑

Popu Lady
《小未来》

其他

中田英寿 佐佐木希 渡边知夏子 大元 x Hello Kitty

吴建豪 陈柏霖 安心亚 李毓芬

图片皆翻摄于李佑群老师私物

第一次到台北的时候，有一件事情让我很感动。那就是在台北的便利商店，我无意间看到自己编辑的杂志《ViVi》陈列在架上。那一期的封面人物是安室奈美惠，正好是我创作的作品。看到自己做的封面上印上了中文标题并且陈列在杂志架上出售，真的让人很感动。

带来《ViVi》这些流行文化的，正是李佑群老师。作为初期日系时尚杂志总编辑，他将许多日本的时尚、美妆流行文化不断地介绍给中国，堪称划时代的创举。并且，他也作为先驱，让大家现在能够在亚洲各个地方，轻松阅读到许多来自日本的时尚杂志。

"我想将日本等国更多元的流行文化带给中国"，秉持着这个信念，他将日本讲谈社的大门打开，促成了日后《ViVi》中文繁体版的出现。

李佑群老师在日本研究所学习时，不断吸收日本及世界各国的时尚理念。我与老师是在三年前的"SUPER GIRLS FESTA"工作时认识的。从那时开始我们经常一起工作，我也经常和操着一口流利日文的他一起讨论时尚、分享心得。

现在通过电视节目、网络杂志的传播，大家其实无时无刻不在接收着"变得更时髦"的秘诀，但是并非只有背景特殊的人才能拥有时尚，只要有品位，任何人都有可能变得时尚。说起来，佑群老师不但拥有帅气的外表，同时也很有品位。不管是女人还是男人，当你有穿着上的困扰或是对于美妆保养产生疑问时，佑群老师都可以给你很精辟的解答。

本书是佑群老师的第一本实用工具书，我相信这本书不仅仅属于中国，也值得亚洲其他地区的读者阅读。读了它，你会变得很时髦而且更有品位；读了它，你会改变出生以来的自己。

军地彩弓(Sayumi Gunji)
Conde Nast Studio (康泰纳仕)时尚创意总监/前《VOGUE girl》日文版创意总监

担任人气时尚杂志《ViVi》的时尚写手15年后，她创立了著名的女性时尚杂志《GLAMOROUS》，成为时尚总监并活跃在日本时尚界；2008年创立《VOGUE girl》日文版，并担任创意总监；长年如领导者般在时尚界带领日本女性前进。她在《ViVi》时代创造了为人们所熟知的安室奈美惠、滨崎步风潮，可谓是现代日本流行风尚的幕后推手，是日本时尚界的重量级人物；亦曾经担纲过LADY GAGA、碧昂丝、帕丽丝·希尔顿等欧美名人的取材报道。

推荐序
Preface

我与李佑群老师的相识非常奇妙，三四年前他造访了我们I.T在亚洲的旗舰店——I.T BEIJING MARKET，当时我一眼就认出他来，同时也识出他的时尚品位。于是我就主动与老师寒暄并推荐了我最爱的美国品牌 THOM BROWNE（美国男装品牌）给老师。没想到老师也跟我一样着迷于此品牌的剪裁以及细节，于是我们就像老友一样开始聊起好像说不完的时尚话题。后来只要我们一见面，就会分享彼此对时尚潮流的一些看法和时尚界最新的动态（其实就是时尚小八卦啦）。

作为佑群老师的好友，我对于他推出的这本实用书《时尚女神：李佑群时尚笔记》可以说是又忌妒又替他开心。忌妒的是已经是这么红的时尚造型师了，他居然还要出第三本书，这表示他前两本卖得有多好可以再出一本！（给不给我们活路啊！）替他开心的是我相信这第三本书绝对可以大卖！为什么呢？请看我阅读后的小小分享。

在书里，他与时尚界老佛爷 Karl Lagerfeld（卡尔·拉格斐）做了相似的造型打扮，相当有气势！当你翻开书，会发现还有更多你所熟知的时尚名人成为本书的造型主角，但是你会发现，佑群老师都是利用非常亲民的品牌来搭出高级时尚的效果！大师果真是大师，不愧是著名艺人的御用造型师！

另外，除了佑群老师的个人造型照外，书里面还收集了非常实用的穿搭技巧，还有贴心的"佑群老师小叮咛"，教你如何把一件简单的上衣，在不同的场合穿出不同的感觉，如何将下装换个材质、换个花色甚至是长度，让整体搭配耳目一新！很多人被如何穿对衣服来修饰身材这件事困扰，有太多的选择，实在无从挑起。看了这本书你会发现，原来时尚这么简单，因为佑群老师把他的小技巧，全部通过这本书分享给大家，毫不吝啬！

最后，如果你想要表现你的时尚态度，就更不能错过这本书了。因为除了以上内容，佑群老师居然还把品牌历史，甚至是衣饰剪裁的缘由，以最浅显易懂的方式告诉读者。所以这本时尚工具书《时尚女神：李佑群时尚笔记》对于各个行业的人来说都非常实用，因为在这个讲求美感的时代，我们需要的就是亲民、实用又有时尚态度的书籍，这本书全都包括了！

HOMER CHOU

I.T CHINA ASSISTANT STYLING MANAGER （I.T 中国区形象副经理）

目前担任亚洲知名时装集团I.T集团的中国区形象副经理，也是许多欧美国际时装杂志争相采访的对象，在中国时装圈拥有极高影响力。兼任造型师的他，曾经担任过陈坤、古天乐、夏雨、李冰冰、阿sa（蔡卓妍）、张杰、刘亦菲、奚梦瑶、高以翔、尚雯婕、冯绍峰、李晨等亚洲知名艺人的造型师。

自序
Preface

距离上一本著作出版已经有三四年的时间了……

脑海中一直浮荡着想要出书的念头，无奈每当打算认真进行的时候，就被一般人无法想象的忙碌生活、想要休息的心情与疲惫的身躯所牵绊了。

然而，感谢领导们的提携与业界友人的厚爱，这三四年间我竟然同时担任了网站的总编辑顾问、女性时尚杂志造型顾问、男性时尚杂志创意总监、时装品牌顾问；还前往北京以及马来西亚协助时尚杂志创刊，每个月又同时在十多个不同媒体上发表文章；并且经常会有不同新书的作者来邀请我，在他们的大作上发表推荐文章。

所以，假日到了书店，就会看到许多新书书腰上挂着我的推荐语，便利商店陈列着自己创刊及有连载专栏的杂志，打开电脑进入网站首页看到我的文章，收看电视不时就会瞄到我做的广告造型，走在路上更是三不五时就会撞见公交车、店头灯箱及海报上那些我为明星们打造的广告作品等。我想你现在一定可以知道，为什么从事时尚工作的我宁愿喜欢古董、着迷于历史，却不爱逛街，回家后也不太想打开电视了，因为被工作的情绪二十四小时包围真的很可怕。

于是乎，除了你们在电视时尚美妆节目上看到的那个我以外，每天在幕后为不同艺人的造型、国内外各大品牌广告项目而忙得晕头转向的我，竟然还有时间同时处理那么多文章，连我也觉得不可思议。

可是许多人却只认识一部分的我。我究竟是节目上的那个达人老师、总编辑、造型师、顾问、视觉创意总监、作家，还是公司社长？其实都是。

前几天，某位初次见面的长辈上来便问我："你是做什么工作的？"我思索许久一直答不上来，沉默了半响，只好用了五分钟含糊地解释了一下，不过我猜对方还是有点听不懂吧，毕竟这是很特殊的工作体验。

现在回过头想想，打从做第一份工作至今十多年的时光，在中国、马来西亚等地，我竟然创刊了十多本畅销的时尚杂志，开了两家公司，开创本土品牌与日本模特儿合作的先例，荣幸地成为第一个多位日本巨星、国际品牌指定合作的造型师，连续两年站在万人大秀舞台上表演的造型师以及国际品牌与大秀指定负责广告顾问与演员阵容的决策者。

在我的工作生涯里，几乎没有一份工作是从事前就已经存在的，都是从无到有的。所以我常常自嘲："与其说是开火车的，不如说我是建造铁轨的人，把铁轨铺好后，让接棒的人安稳地开火车。"

值得欣慰的是，或许是受到这些刊物或节目的影响吧，我有幸与大家一起见证了这十多年来亚洲新一代年轻人对于美感与时尚创意文化的日渐重视。因为我喜欢做"对一般人有影响力并且美丽的事"，与其做些曲高和寡、浮夸前卫却无法融入生活的作品，我宁愿用一点微薄之力，让我所热爱地方的人们，品位能够更棒，对美的鉴赏力也能提升，让台湾的年轻人，对美与时尚的感觉不输给东京或首尔，甚至有一天能与巴黎、伦敦、纽约并驾齐驱。

然而这一切都必须从对美的常识的提升做起。我想从日常生活中以对美的需求为出发点思考，用简单的语句将十多年的经验整理出来，于是产生了写这本时尚笔记的念头。

感谢给予我指导的凯信企业总经理王毓芳女士，本书辛苦的幕后推手吴国镛总编辑，非常认真、经常与我讨论内容的执行编辑翁湘惟小姐，美术编辑黄庭祥先生、杨佩菱小姐及插画家林虹亨小姐，为本书摄影、我的好兄弟、著名艺人的御用摄影师苏益良先生，著名艺人的御用彩妆师筱雯，一流发型师Mai，我的助理伊雯、芳彦、纯玉，服装助理Karen，时尚编辑川惠，以及所有一路上给我支持的朋友们，因为你们才终于让这本"怀胎"十几年的新书诞生。当然，更要感谢正在翻阅本书的你。

最后，我将会捐献所得版税的5%给"财团法人乳癌防治基金会"，虽是杯水车薪，也希望一点点绵薄之力能让世界更美好，为社会注入更多正能量，唤起大家心中"社会上其实还有许多人需要你我帮助"的意识，传递"心美，人才会更美"的价值观。

相信我，时尚与美丽并非遥不可及，翻开下一页你就知道了。

李佑群

前 言
Foreword

"没有哪个女人是不爱美的。"

其实，纵使是男人，爱美的程度也不见得会输给女人。

让自己从内到外变得更美、更有品位之后，你也会变得更有自信。或许只因为这点小小的改变，异性缘就变好了，人缘更好了，职场机会增多了，人生也会变得与众不同，缤纷而精彩。

现在拍摄美丽的照片，不再需要有底片的相机，有了随身的手机加上简单的修图软件，你我都可以轻易变成时尚摄影师。Facebook（脸书）等社群网站的普及，使得身边的小事情也能瞬间传递到地球另一端的朋友圈中；而两性平等的普世价值观，让女人们有权利从事任何男人们可以做的事。反过来说，男生穿打底裤上街好像也不是新闻了。

这样快速奔驰的时代，是不是让你有时候觉得喘不过气来？然而，不管人们的生活如何改变，有一件事是永远不会变的，那就是"每个人都喜欢美好的事物，也希望自己能够变得更美"。

身为时尚与媒体产业一员的我，在这本书里面汇集了多年来我在Facebook、微博、博客、杂志上发表的，节目、讲座、发表秀、活动上甚至工作时对助理、艺人朋友和模特儿们传授的数百则关于如何变得更美丽的时尚秘诀。

我用深入浅出的方式将每一个关于变美与时尚的诀窍，做成大家平常在社群网站习惯阅读的小篇幅文章，并以目的性分类，花了不少时间用心改写整理才终于完成。

"怎么穿衣才显瘦？""怎么利用穿着或保养美白？""如何穿才能看起来高挑？""睡前怎么做保养？""选鞋的重点是什么？""基本的眼妆怎么画？""戴帽子后扁塌的头发，如何迅速恢复蓬松有型？""家里的羊毛衫要怎么保养？""麂皮鞋遇到下雨天怎么办？"

生活中的各种问题无时无刻不在我们脑海中盘旋，关于变美的方法，我想要用最精准、最没有负担的方式让大家吸收。

记住，流行的主观价值或许会随着时代而变化，但是变美的基本逻辑却不会。即使多年后重新翻开这一本书，我相信它依然非常实用。

这本书就好像是我把十多年的工作经验和记录的心得一次性大公开一样弥足珍贵，所以我称它为"时尚笔记"。

它浓缩了所有可以变美的成分在里面，应该也可以称作文字型的"美容精华液"吧！

从现在起，请你忠实面对心中的烦恼与变美的渴望，翻到某个章节好好吸收一下"时尚精华"吧！

李佑群

About Me!
我 的 时 尚 轨 迹

《穿普拉达的女王》这部电影上映后，曾经有一阵子，我内心非常抗拒看这部片子，因为我不希望难得的坐在电影院观赏大屏幕的余暇却要用来复习我每天的工作生活。当然，因为工作的需求最后还是看了，结果与我预想的如出一辙，看到米兰达这个《Runway》的大魔头总编辑，简直就像是看到自己不想承认的缩影。

照片里的我也全身穿着PRADA（普拉达），不同的是，我并非那个稳稳坐在车头开着列车的驾驶员，而是不断建造新的时尚铁轨的建设者，说我是"穿着普拉达的筑梦者"也不为过。

穿着普拉达的筑梦者

在本书的起始，我想与读者分享自己的时尚工作过程，因此刻意穿了一身普拉达，呼应电影并点出时尚工作者的心情。冷色调的蓝搭配温暖的驼色系，平衡了理性与感性。

靛蓝色毛呢西装外套、驼色毛衣、灰蓝色西装裤、黑色厚底皮鞋，以上皆出自PRADA

时尚总监 & 造型师:李佑群(Yougun Lee)
摄影:苏益良(Liang Su)
化妆:李筱雯(Wen Lee)
发型:Mai
助理:李伊雯 吴芳彦 Karen
摄像:Jacky

我的基本资料

1976年3月18日生，双鱼座，AB型。

东吴大学日本语文系毕业，大三担任交换学生代表赴日本明海大学学习，并赴日本东京上智大学新闻研究所专攻女性杂志。

以时尚为核心，身兼国际造型师、杂志总编辑、品牌总监、视觉统筹、评论家、作家、顾问等多元角色，是华人圈时尚杂志创刊数和发行总量最高纪录保持人，也是第一位引进日系时尚杂志的总编辑，同时是中国台湾地区唯一受日本等国际知名艺人明星、国际品牌、广告、唱片指定合作的国际级整体造型时尚大师、时尚总监、时尚暨宣传营销策略顾问。

与日本时尚圈关系深厚，和时装大师三原康裕、N.Hoolywood（日本时装品牌）的尾花大辅、JLS（日本高级西装品牌）的柳川荒士、soe（日本男装品牌）的伊藤壮一郎、BEAMS（日本时装品牌）的土井地博、川岛幸美、FPM（知名箱包品牌）的田中知之、FACTOTUM（日本箱包品牌）的有动幸司以及木村拓哉等知名艺人御用造型师佑真朋树、野口强私交甚笃。

引进&创刊杂志

引进《Cawaii!》，《mina》中文版、马来西亚版，《with》，《ViVi》繁体中文版等，创刊《BiKei!》畅销男性保养杂志、协助引进《VOCE》美妆杂志

职业经历

《幸喜国际》社长暨时尚总监

《Yahoo！时尚美妆》总编辑顾问

《In Design因为设计》品牌顾问

《Men's JOKER》简体中文版创意总监

《女人我最大》杂志时尚顾问

《mina》及《女人我最大》马来西亚版总顾问

《Fashion Guide Style Wall》荣誉总编辑

曾任城邦集团《Man's Style》社长、总监暨总编辑

曾经担任艺术大师村上隆特刊指定总编辑

邀请大师川久保玲首次跨刀合作设计时尚杂志平面稿

受邀远赴海外拜访超模凯特·摩丝(Kate Moss)、设计大师佐藤可士和、Paul & Joe（保罗&乔）设计师Sophie（索菲）等人

固定担任金马奖等星光大道红毯造型评审

合作对象

佐佐木希、藤井LENA、中田英寿、松田龙平、渡边知夏子、莉亚、贺军翔、陈柏霖、罗志祥、宥胜、飞轮海、汪东城、白歆惠、张孝全、杨佑宁、吴建豪、安心亚、大元、李毓芬、郭雪芙、DREAM GIRLS、Popu Lady、郭品超、莎莎、昆凌、By2、宋纪妍、陈怡蓉、李圣杰、刘香慈、凤小岳、倪安东、林宥嘉、郑家星、OLIVIA、宋新妮、方志友、魔术师YIF、动力火车等。

合作品牌

UNIQLO（优衣库）、CHLOE（蔻依）、SWAROVSKI（施华洛世奇）、DKNY（唐可娜儿）、花王、

Sofina（苏菲娜）、莉婕、逸萱秀、资生堂、SK-II、KATE（凯朵）、KOSE（高丝）、多芬、LV（路易威登）、Dior（迪奥）、Longchamp（珑骧）、LOEWE（罗意威）、PUMA（彪马）、Massimo Dutti（西班牙时尚品牌）、Roger Vivier（罗杰·维维亚）、娇兰、Folli Follie（希腊时尚品牌）、HOGAN（霍根）、华歌尔、玛登玛朵、果蕾、GIORDANO（佐丹奴）、三星、联想、Latisse（雅睫思）、VIROCHE（化妆品品牌）、摩奇塑身衣、Dr. Douxi（朵玺）、Miss Sofi（女鞋品牌）、MOMA（女装品牌）、BLUE SALT（时装品牌）、DN（时装品牌）、Robinlo Studio（女鞋品牌）、TVR（特威尔）、SEIKO（精工）、星辰表、AIX（意大利知名品牌阿玛尼旗下品牌）、Rouge Diamant（日本时尚品牌）、7-11、Hello Kitty（日本时尚品牌）、哈雷机车、可口可乐、爽健美茶、迪斯尼、JINS（睛姿）、Vintage Shades（围巾品牌）、新光三越、SOGO（崇光百货）、远雄集团等。

与好友、《ViVi》名模渡边知夏子合作女装品牌MyGazine girl，首创品牌成立即与海外艺人合作之案例。

近期重要作品

优衣库日本指定2011年秋冬广告形象及中国台北旗舰店《People Campaign~Voice》总顾问

优衣库指定每季全球案《UNIQLOOKS》造型企划总监

连续两年担纲《Super Girls Festa~亚洲美少女盛典》、上海《Tokyo Girls Collection》国际大秀唯一台湾地区造型师代表及顾问

《JINS×安心亚》合作顾问

佐丹奴、三星、彪马等品牌发表大秀总监

贺军翔首本写真书《南法寄出》造型师

大元首本写真书《Girl Friend~元气女友》所有统筹、时尚总监&App企划

刘香慈首本写真集《卸下》造型总监

2013年Popu Lady唱片专辑《小未来》造型统筹

Lisa LaLisa《名人设计公益包包101记者会》活动主持与顾问

与好友、摄影大师苏益良合作《时尚的轨迹》名人摄影、《Fashion Week电子动态影像时尚志》等。

参与电视节目

在时尚美妆类电视节目中担任御用老师，包括《女人我最大》《Taipei in Design台北映时尚》《我是大美人》。

出版著作

已出版图书《东京密旅书》《日本时尚考》《进入东京型男圈》，同时在海内外多本时尚杂志、网站开通连载专栏。

目 录
Contents

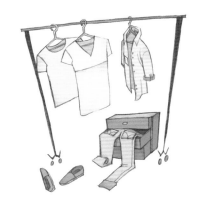

第3章

时尚保养技巧 145

第1章
Basic Knowledge
时 尚 基 础 知 识

黑色西装、白色衬衫搭配套头衫与黑色领带,加上招牌的墨镜,任谁都会联想到被称为"时尚大帝"或"老佛爷"的卡尔·拉格斐(Karl Lagerfeld)。掌舵香奈儿、FENDI(芬迪),并自创同名时装品牌,卡尔·拉格斐堪称现今时尚界最有影响力的男人。于是,在谈论时尚基本常识时,我刻意以一身卡尔式的装扮向老佛爷致敬,只不过,他抱着的是卡尔泰迪熊,我捧的则是戴着蝴蝶结的金色法国斗牛犬。

时尚总监 & 造型师:李佑群(Yougun Lee)
摄影:苏益良(Liang Su)
化妆:李筱雯(Wen Lee)
发型:Mai
助理:李伊雯 吴芳彦 Karen
摄像:Jacky

卡尔·拉格菲造型

　　这一身造型是以卡尔·拉格斐的招牌穿着为基础设计的。窄身的西装、白色衬衫、墨镜与窄管裤，这样的装束无形间仿佛成了时尚权威者的象征。有趣的是，我刻意将昂贵的名牌与平价品牌混搭，依然创造出了同样的感觉。

造型清单

–N.HOOLYWOOD（N好莱坞）时尚黑色绒面西装外套

–GIVENCHY（纪梵希）附金色领片白衬衫、黑色五芒星耳环

–SWAROVSKI（施华洛世奇）十字架项链、黑色坠饰项链、长方形坠饰项链、黑色串珠手环、黑色水晶胸针、方形胸针

–Milanno Optical Boutique（米兰眼镜）黑色渐变墨镜

–COMME CA DU MODE处女座水钻黑色领带

–Pet Shops Girl（宠物买女孩）黑色皮革手套

–ZARA（飒拉）银色饰扣皮带、黑色拉链窄管皮裤

–PRADA（普拉达）黑色厚底皮鞋

穿出
品位的要点

01

穿出时尚感固然重要，但这绝非一味地盲从流行、打扮浮夸。记住，即使时尚杂志再怎么吹捧，某些流行单品也不见得适合你，穿出自己的风格，才是真正的流行。

时尚要领：

1. 你必须先主观地问自己：这样的单品适不适合自己的个性和生活态度？

2. 再客观地问自己：它适合自己的体形吗？看起来是否显瘦，是否会让身材的比例变好？

3. 你自己觉得它漂亮吗？陪你去选购的亲友对你新装的评价是什么？

4. 穿着它出门时，你是否会感到自在，或是更加自信、走路昂首挺胸？

5. 记住，上述四点都成立时，再考虑这款单品是否能穿出流行感！

出门前
一定要照全身镜

02

　　一般人出门时可能都忽略了一个小步骤，简单一步，却可能影响你对自己身形外貌的了解程度，那就是出门前的检视——照全身镜。

半身镜不够，一定要照全身镜！

　　你是否有外出经过橱窗，忽然看到自己外貌的反射时，心想"今天怎么穿得这么糟糕啊"的经验？那是因为你并没有在出门前好好审视自己的搭配。请记得在出门前务必照镜子，确认自己今天的打扮是否协调好看，而且不能只照半身镜，务必照全身镜，否则就和手机自拍一样，容易自己骗自己。穿好衣服后，还要拿上搭配的包包并穿上鞋子，在镜子前转一圈，从各个角度仔细检视，因为包包和鞋子虽然在整体穿搭中占的比例不大，却影响甚巨。

尝试不同风格，
找到自我

03

　　如果你的衣柜里永远都是同一款式的衣服，连你自己都感觉乏善可陈，那么现在就是该做点改变的时候了！试着挑战自己从未尝试过的剪裁、颜色、风格或款式，才会了解自己身材的极限，尝试后才会发现更适合自己的服装。

一年没穿的衣服，永远都不会再穿

　　放弃保守的想法，不要认为自己一定不适合某种类型的单品，因为不尝试永远不知道自己的极限，换种风格或许能找到自己的另外一面。如果衣柜里面有一件衣服，你已经有一年以上未有任何意愿拿起来穿，那么请将它捐给别人，因为你未来也绝对不会穿它。重复购买同一种类型的衣服，放着不穿又舍不得丢，这种行为也是一种浪费。

选择合身服装
才能真正地显瘦

04

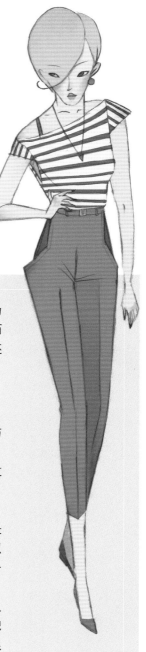

　　穿上宽松的服装就可以遮掩身材的缺点，这已经成为大多数女生认同的观点了。实际上，宽版或长版服装反而需要更高的技巧才能穿得显瘦。如果你是入门者，建议还是先尝试真正符合自己身形的服装吧！

时尚要领：

1. 注意上衣是否有收腰设计，因为腰身决定比例漂亮与否与是否显瘦。
2. 上衣的肩线须刚好合乎肩宽，不宜过宽，否则看起来会过于魁梧或没精神。
3. 裤装尽量选择线条利落又合身的版型。
4. 如果担心臀部看起来较肉，可以选择较长的合身上衣，衣长至少遮住臀部二分之一；如果担心大腿看起来较肉，可以选择裤裆与大腿处较宽松，但膝盖处至小腿处剪裁较合身的老爷裤或男孩风牛仔裤。
5. 紧身的衣服会挤肉，合身的衣服会显得利落修长。许多人会刻意穿过于紧身的服装来"显瘦"，殊不知这样只是把自己身材的缺点暴露在外。切勿将"合身"与"紧身"混为一谈！

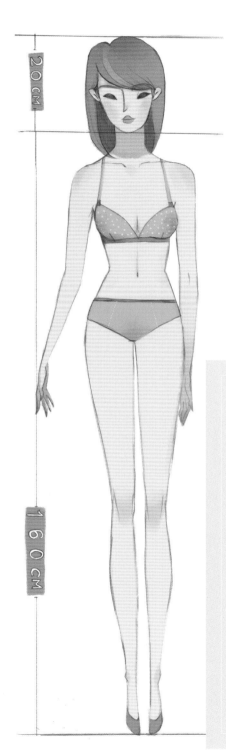

打造近九头身
完美比例

05

　　我们常听到"九头身"美女的完美比例，但是按照女性头长约20厘米来计算，要达到九头身则需要身高达到180厘米，这种比例在一般情况下是不多的。台湾地区女性的平均身高大约是160.8厘米，就算穿着高跟鞋也很难达到180厘米，所以只要掌握好看的身形比例即可。

就算是名模也没有九头身

　　名模林志玲头长仅22.5厘米，已经算是小脸女生了，但身高175厘米的她也仅有7.8头身左右，因此我认为7.5~8头身的身材加上高跟鞋，就已经是十足名模比例了。须注意的是，上半身与下半身的比例要美，要以"肚脐"为中心，利用服装搭配技巧将东方人原本的四六身，甚至五五身的身材比例调整成为漂亮的三七身，所以运用服装与配件提高腰线位置并拉长腿长更重要。重点不在"增高"，而是调整比例。

最吸引男人的
女人腰臀比是0.7

06

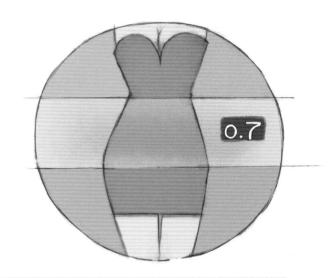

新西兰一所大学的研究显示，沙漏型身材的女人最吸引男人，尤其腰围和臀围的比例接近0.7的女人，其实比拥有丰满上围的女性更令男性疯狂。据说这有可能是因为男人本能觉得这样的女性生育力最强，最能繁衍健康的后代。英国名模凯特·摩丝、美国性感女星玛丽莲·梦露与杰西卡·阿尔芭等，都有接近0.7的腰臀比。

那么，如何测量自己的腰臀比呢？首先，站立后放松腹部，测量腰部最窄处的尺寸和臀部最宽处的尺寸，用前者除以后者，所得数字即为腰臀比。女性标准腰臀比范围在0.7~0.8之间。所以，有个重要的道理要清楚：要展现性感，有时塑造S曲线比裸露更有效果。

 佑群老师小叮咛

健康的腰围

女人腰围大于80厘米、男人腰围大于90厘米时就有肥胖倾向了，容易患"三高"和心血管疾病，这点要特别注意。

谨记跷跷板
搭配法则

07

　　除非你身材婀娜多姿、非常好，否则想要搭配出漂亮的比例，基本的原则就是将上、下半身分开对待，遵循"跷跷板"式的搭配平衡法则。上、下半身皆运用合身搭配的方式，仅适合身材非常好的人，如果身材不那么完美，就要突显自己最有自信的部位，才会令身材比例看起来更好。

上、下半身互补的搭配技巧

　　如果你对上半身较有自信，那么请运用上半身合身、下半身宽松的"上窄下宽"搭法；反之，对下半身有自信的女生，不妨采用上半身宽松、下半身合身的"上宽下窄"搭配。

拥有完美比例，
除了"隐恶"还要"扬善"

08

　　很多女孩子为了让自己看起来更瘦，不断地隐藏自己最没自信、看起来可能最胖的小腹、臀部等部位，一味遮掩却忘了彰显自己的优点。很多女生都喜欢穿宽松长版T恤搭配黑色打底裤，殊不知这样的搭配在遮住腰臀的同时，也让腿看起来更短了，并不会让比例看起来更好。

将众人目光移到最美的部位

　　可以利用饰品或服饰让视线焦点转移到身上最有自信的地方，例如胸部、肩膀和背部等。如果身材没有令你满意的地方，又想要看起来瘦，就要尽可能露出身体上最纤细、最骨感的部位，那就是锁骨、手腕和脚踝三个重要部位。穿低领上衣露出锁骨，将短袖、七分袖或长袖反折露出手腕，将九分裤或是长裤反卷露出脚踝，运用这些简单的小技巧拯救自己的身材吧！

集中拉高XY，
利用视觉显瘦

09

　　大家都知道拥有V字小脸的女生非常令人羡慕，而上围集中托高也是制造性感曲线的基本要领。其实，显瘦也是一样，记住"集中拉高XY"的口诀，运用穿搭就可以显瘦。

时尚要领：

1. 在上半身制造视线集中的"V轮廓"，例如西装外套的V领，衬衫、针织衫的开襟，都能制造V字线条的效果。
2. 在下半身制造视线集中的"倒V轮廓"。上半身集中在腰部中点的V字和下半身的倒V字可以让身材整体形成X轮廓，转移对臀部、大腿根部的聚焦。西装外套下摆的开衩、A字裙、洋装都可以塑造X形线条。
3. 将腰线提高，营造上半身和下半身比例为3：7或2：8的黄金比例效果。

显瘦九大要领

10

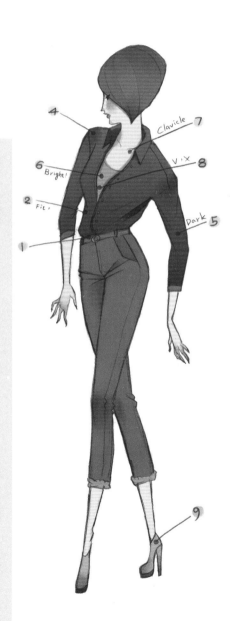

爱美的女性有时想要快速瘦身，会选择抽脂等高风险的方法，但其实只要在衣着上动一点脑筋，就可以看起来更瘦、比例更漂亮，这比起穿着时尚更重要。检视一下自己的穿着是不是符合以下九大显瘦要领吧！

时尚要领：

1. 腰部位置决定身材比例，可以绑腰带，也可以选择高腰或收腰款的服装来凸显腰身。
2. 衣服要合身而不是紧身，穿起来过于紧绷或能显出小肚腩的服装只会暴露你的缺点而非显瘦。
3. 毛衣、外套的下摆长度能够完全遮住臀部的款式，比长度刚好停留在腰部的款式更显瘦。
4. 硬挺的材质比容易贴身、弹性强的布料更显瘦。
5. 收缩色（冷色系中明度、彩度低的颜色，它们在视觉上会使物体显得较实际小）服装有显瘦作用，选择贴身剪裁的这类单品较合适。
6. 可运用不贴身亮色服装的膨胀效果，让其他身体部位因为对比而显瘦。
7. 露出身体最纤细部位——锁骨、手腕、脚踝。
8. 在身体上做出V字或X形线条，让视线向中间集中，例如穿西装外套、衬衫、V领T恤等。
9. 肤色高跟鞋会让腿看起来更长，也容易搭配服饰。

日系风格
质感至上

11

时尚知识站

直击两大日系风格代表！藤井莉娜和田中美保

具有1/4欧洲血统的莉娜是日本潮流杂志《ViVi》的专属模特儿，她最大的特征就是嘴角两边辨识度极高的黑痣，成熟妩媚再加上甜美的笑容，堪称日本的"性感女神"。相较藤井莉娜的成熟，田中美保则多了几分邻家女孩的气息。她是《mina》杂志的当家人气模特儿，浅褐色的短发是她的招牌发型，轻松不造作的姿态是日本女孩争相模仿的对象。

许多人对"日系"穿着有误解，以为偏可爱的服装、染发、戴假睫毛加大浓妆的辣妹风就是日系风格，但许多日本时尚圈人士却不这么认为。日系风格其实包含许多元素，并且不代表只穿日本品牌。日本人擅长混搭欧美、日本等各品牌单品，创造出自己的风格。

多层次穿搭掩盖身材缺点

由于日本人没有西方人的身材优势，因此日系风格重点在细处，选择的单品偏重搭配性与实用性，服饰看似简单，但却很注重细节与质感，通过混搭营造多层次的感觉。日本时尚圈分众文化盛行，有森林系、辣妹风、原宿风、姊姊风等，但是各种路线的穿着各有特色，无法一概而论。此外，虽然日本女生重视染发与眼妆，但夸张的假睫毛与厚重眼线不是日系风格的特色。

韩系风格利落合身

12

近年来，因为韩剧和韩国偶像歌手、明星风靡亚洲，大家纷纷仿效他们的穿着，觉得这样既时尚又有型。韩版服饰较重视"合身"，版型以窄版居多，例如窄版西装、铅笔裤等，并且重视修长的腿形，高腰洋装、露出长腿的热裤都是搭配的重点单品。

单品设计感强烈

和日系的多层次混搭与重视质感有所不同，韩系穿搭更重视单品的设计感，偏好夸张的风格，因此我们可以看到许多韩系服装有强烈的设计感，以不规则的剪裁呈现大胆的风格。韩系风格较不注重主角与配角的搭配逻辑，常出现不同颜色与元素放在同一身上的搭配方式，这种风格看起来较为华丽。

另外，虽然韩国整形风潮兴盛，但韩系彩妆和发型较偏向自然路线，韩国女孩较喜欢勾勒眼尾的线条、使用樱桃色的唇彩，不爱浅色头发与充满分量的波浪卷发。

纯棉材质
永不退流行

13

常听到人家说衣服是"纯棉"的，这个名词似乎就是舒适的代名词。但是，你知道纯棉衣服为什么舒适吗？

纯棉衣物舒适有质感，适合各种场合

纯棉衣物穿起来舒适的原因是棉料可吸收周围湿气，让织物保持平衡状态，在保暖的同时也可保持身体干爽。而且纯棉材质不含人工添加的化学物质，不易引起皮肤过敏。特别是对有哮喘的人来说，纯棉衣物是最好的选择。

纯棉质感较人造化学纤维细致柔软，触感也比较舒服，而且棉纤维遇水会变得更强韧，因此具有耐洗耐穿的特性。

 佑群老师小叮咛

如何分辨真正的纯棉

真正的纯棉服饰，合理价位通常都会在300元以上。用看的方法不能分辨出哪件才是真正的纯棉服饰，要用手直接去触摸，而且要用手背去感觉，因为手心只能够感受到材质的柔软，无法体会它的舒适度。另外，纯棉服饰通常在清洗过后容易皱，建议用熨斗熨烫。

凉感衣的制作过程
影响品质

14

每到炎炎夏日，你会穿凉感衣吗？为什么有的凉感衣穿几次就不凉了呢？其实凉感衣效果是否持久，跟凉感纤维的制作过程有关系。

购买信誉有保障的品牌

一件效果持久的凉感衣，它的凉感添加剂在纤维纺丝时就已添加在其中，如此效果才会持久。可是有些厂商出于成本考虑，会将凉感涂料涂附在布料上，如此一来只要洗几次后，涂料就会渐渐剥落导致效果降低。还是那句老话：选择有信誉的品牌更能降低风险。

首屈一指的
开司米

15

相信大家对开司米并不陌生，也知道它属于较高级的羊毛，许多国际知名品牌都会采用开司米为原料。那么，素有"纤维宝石"之称的开司米到底有什么魅力呢？

抗寒保暖的首选

开司米（cashmere）是羊毛纤维的一种，取自生长于克什米尔高原的山羊喉部的细短绒毛，因为此地天气严寒，所以当地山羊的羊毛可以抵抗这种恶劣的环境。此绒毛拥有良好的保暖性，质地轻柔、富光泽感，因此常被用于高级羊毛衫与围巾。

质感轻柔的水洗丝

16

　　水洗丝经常被用在女性的服饰中，尤其是OL品牌的裤装或裙装。那么，水洗丝为什么这么受欢迎呢？

透气舒适的水洗丝

　　聚酯纤维(polyester)中加入碱液后，纤维表面受损达成减量效果后就变成水洗丝。水洗丝比一般的聚酯纤维轻薄舒适，所以经常运用于女性服饰，日常久穿也不会感到难受。

戴对口罩，
抗菌又防过敏

17

　　每次有流行感冒或传染疾病疫情时，大家就开始狂买口罩。网络流传病人与非病人口罩的戴法不同，分为口罩蓝色面朝外与白色面朝外两种的说法是错误的！千万别误信网络谣言。

口罩戴法要正确

　　将口罩有颜色的面朝外戴，其蓝色防水面可防止病菌通过飞沫传染，最内层可吸收口鼻分泌物；若反过来戴，则可能吸附一堆带菌口沫在口罩上。戴上口罩后一定要将鼻梁处紧紧贴合，并且使用8小时后就要丢弃。

 佑群老师小叮咛

口罩的分类及用法

口罩种类	功能	适用场合
棉布口罩	隔绝灰尘和避免飞沫喷出	冬日保暖
活性炭口罩	能吸附机动车排放的废气，无法再吸附异味时就要更换	户外骑车或其他有异味的场所
外科口罩	避免医护人员与病患的飞沫互相影响	医护人员及病患在医院使用
N95口罩	工业用，避免吸入对身体有害的粉尘	适合工人和医疗人员，较不适合一般人长时间戴

针织衫的清洗方法

18

　　针织衫细致又容易沾染异味，每到换季收纳前夕，妥善清洗针织衫就变得十分重要。我的建议是，除送洗之外，应尽量选择手洗。

清洁要领：

1. 在温水中倒入一些温和的洗衣剂或专门的洗衣剂，搅匀。
2. 将针织类衣物浸入水中，浸泡大约5分钟。
3. 将针织衫拿出来后小心地用温水冲洗。
4. 冲洗完后轻柔地挤压掉针织衫中的水分，记住不要大力扭曲或拧干衣物。
5. 把针织衫裹在毛巾里轻轻地挤压，不要折叠。然后将它平摊在干净的毛巾上，放在阴凉处自然晾干。
6. 记住，千万不可以使用烘干机烘干！

去除T恤汗渍的小技巧

19

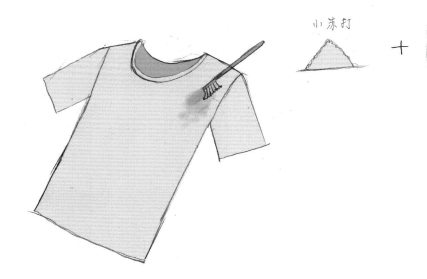

小苏打 ＋

炎炎夏日，因为汗水、身体的油脂残留在衣服上而造成的黄色污渍总是很恼人。其实去除汗渍的方法相当简单。

清洁要领：

1. 小苏打和白醋有助于分解汗水和油脂，可以将小苏打粉与白醋混合，搅匀。
2. 用牙刷蘸取混合液仔细涂刷有汗渍的地方。
3. 静置十分钟后再用清水冲洗并搓揉干净即可。

开司米毛衣的
简易保养技巧

20

开司米是指克什米尔地区所产的山羊绒毛，属于高级毛料。开司米质地细腻，需要好好呵护保养才能延长其使用寿命。

温柔细心地对待脆弱的开司米毛衣

因为开司米毛衣容易起毛球，应避免连续多日一直穿同一件开司米毛衣。如果毛衣起毛球，最好别用剪的方式去除，因为这样容易导致脱线，建议用手摘除。如果摘完后毛衣不平整，可以喷一点水，但要避免用刷子伤害毛料。收纳时请用有铺棉的软衣架挂放，这样不会伤害毛衣或让肩膀部位变形。换季收纳时，要先清洗、干燥，再收纳，并放置在阴凉通风处。另外，可用熏衣草防虫剂防虫。

去除恼人的皮衣霉菌

21

如果皮衣发霉，先别急着懊恼或是丢弃它，妥善的急救处理还是有办法还原它原本的面貌的。

皮衣急救要领：

1. 先用干净的刷子或干布将皮衣上的霉擦拭掉。
2. 翻到皮衣的反面，放在太阳下晒约10分钟，再翻回来使用少量绵羊油或皮革专用油（勿用鞋油）擦拭并将油均匀推开。
3. 擦完后用衣架挂于阴凉通风处晾24小时以上。
4. 用干净的棉布将皮衣表面残留的皮革油擦拭干净即可。

延长皮衣寿命的招数

22

几乎所有人的衣柜里都有一件皮衣，好的保养与收纳不仅能延长皮衣寿命，还能让皮衣越穿越好看。

干燥是保护皮衣的不二法则

真皮的主要成分是蛋白质，容易受潮发霉、生虫，所以要避免接触油污、酸碱性物质，并且最好经常穿，并用细绒布擦拭。皮衣如果淋雨受潮或发霉可用干棉布擦去水渍或霉点，棉布千万不要沾水，否则会使皮革变硬。

如果皮衣失去光泽，可用专用上光剂每隔两三年上一次光，使其保持柔软、有光泽并延长寿命。皮衣不穿时，请用衣架挂起，或者平放在其他衣物最上面，免得压坏起皱。收纳前记得晾一下，但不能暴晒，挂在干燥处通风即可。

清 洗 丝 质 衣 物 的 诀 窍

23

真丝可以说是所有衣物材料中最柔弱的材质了，如果真的打算自己动手洗，一定要小心。

凡事轻柔准没错

首先，一定要确定衣物是否可以水洗。可以检查丝质衣物上的标签是否有标注，如果不可以水洗，就必须送到干洗店处理。其次，可以水洗的丝质衣物要用冷水加上温和的清洁剂轻柔手洗，不可以用洗衣机洗。

清洗时，用手轻轻地搓揉，不能太过用力，然后轻轻挤压出水即可。晾晒时用干毛巾卷起轻轻按压，并用衣架挂起阴干，不能直接在阳光下暴晒。整烫时应以低温熨丝质衣服的反面，并且要用棉布或干净的薄毛巾将丝质衣物与熨斗隔开，以免熨斗过热伤害到娇弱的衣料。

自己也可以清洗
厚重的羽绒服

24

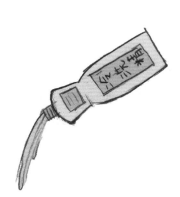

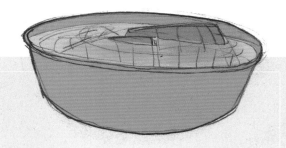

　　基本上，我建议羽绒服收纳前还是送干洗。但如果想要自己清洗，其实也没有想象中的困难。

清洁要领：

1. 先阅读衣服上的标签，辨识一下羽绒服表面的材质。一般来说，尼龙或是聚酯纤维材质的可以在家自己手洗，不建议用洗衣机洗，因为快速搅动容易使羽绒服格子上的车线脱落。
2. 取一盆水，放入中性冷洗精，在水盆中打出泡沫。
3. 将羽绒服放入水盆中按压浸泡，浸泡10分钟左右。
4. 用软刷清洗比较脏的领口、袖口等地方。
5. 清洗后，送入烘衣机用不超过45℃的冷风烘干，同时也可放入十几颗网球一起烘干，以恢复并增加羽绒服本身的蓬松度。

保养皮鞋的窍门

25

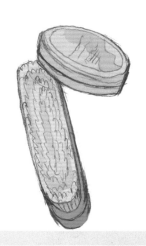

皮鞋应该是鞋柜里的基本角色之一吧。我们常说从一个人对鞋子的清洁与保养的态度，可以看出他的本性。女孩子们看男生细不细心时，不妨先检查他的皮鞋哟！所以，好好保养爱鞋吧！

杜绝湿气伤害皮鞋

同一双皮鞋最好不要每天都穿，最多隔一天穿一次，这样可以避免脚散发的湿气不断伤害皮鞋。穿过的皮鞋，可用干净的擦鞋布或软毛刷去除表面的灰尘，将鞋跟和鞋身的缝隙用尖头刷仔细刷干净再收纳。放入鞋撑（许多生活用品店都买得到）可以防止皮鞋变形。鞋撑也可用报纸代替。若皮鞋湿了，应用干布吸去水分并放置于阴凉处，待其自然风干再收纳，千万不可以暴晒。

基本款
亮面皮鞋保养技巧

26

一般男性入手的皮鞋，或是女性上班穿的比较正式的皮鞋，大多是亮面款式。既然是亮面皮革，在保养时若能强调出它的光泽感，穿着它的人看起来就会更整洁，也更有精神。亮面皮革，又称为珠面皮，它所发出的光泽是有毛细孔的牛皮本身所拥有的光泽，因此非常地自然。

使用专业鞋油擦拭皮革

亮面皮鞋一定要用干净的湿抹布或棉布（以不滴水为佳）擦拭，配上专业护理鞋油效果更佳。现在市面上可供选择的鞋油非常多。一定要记住，不要用卫生纸擦拭，因为它产生的纸屑会损害皮革。收纳时请务必将其摆放于阴凉通风处，避免太阳直接曝晒。

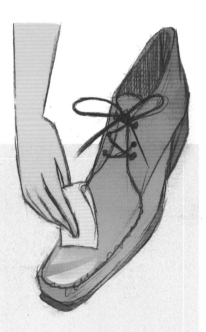

保护脆弱的麂皮鞋

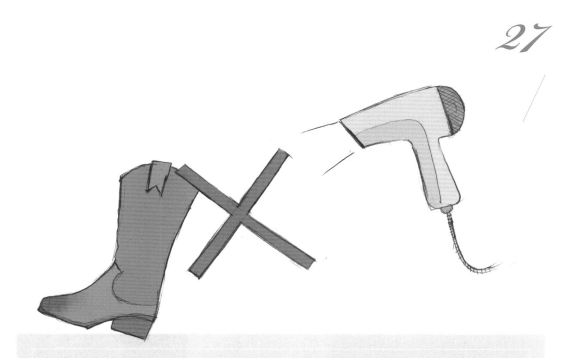

27

麂皮鞋是指用动物麂的皮（也可使用鹿皮）制成的鞋，近年来麂皮已较少使用，大多用牛皮或羊皮替代。麂皮的特色是绒毛表面有丝绸感，延展性和吸水性都非常好。麂皮鞋比较难保养，因此换季收纳前务必妥善对待你心爱的麂皮鞋。

麂皮怕湿又怕热

由于麂皮毛细孔纤维透气性高，容易吸入汗渍与雨水，出门前要记得在表层喷上防水防污剂。如果鞋不小心淋湿了，要用干布擦拭，并放入鞋撑摆在通风处风干，切勿用湿布、卫生纸或吹风机处理，否则会对麂皮造成不可恢复的伤害。收纳前，可用麂皮刷和专用保养剂沿顺逆两向轻刷鞋面保养。

春夏流行的
漆皮鞋清洁方法

28

漆皮俗称镜面皮或亮皮，因表面有涂层而光亮且具防水性，所以漆皮鞋穿起来显得年轻又充满清爽感，备受女性欢迎。但漆皮鞋有容易污损的麻烦，所以一定要懂基本的漆皮保养方法。

漆皮鞋最怕尖利物品的伤害

漆皮鞋要置于常温通风处，因为遇冷可能使其干裂，过热会破坏表面涂层或使其出脂。如果鞋面沾上污渍，可以先用橡皮擦拭看看，若无法清洁干净，也可以用软毛刷除去灰尘后，再用干净棉布蘸少许水或专用乳剂擦拭。注意穿漆皮鞋行走时不要让两只鞋鞋身互相摩擦，以免产生刮痕。

如何辨识真假皮质材料

29

　　漆皮不但是鞋子常用的面料，也常常被用在包包或服装的拼接材料中，但你知道其实漆皮也分真皮和PU（聚氨基甲酸酯，也叫人造皮革）材质吗？下面就告诉你人造皮革与真皮的分辨法。

真皮较有延展性

　　柔软有弹性的是真皮漆皮；生涩、较不柔软的是PU漆皮。有毛细孔、比较透气的是真皮，并且真皮用火烧后会发出毛发味，不会结块；人造皮革则比较不透气，用火烧后会发出刺鼻气味，并且易结成疙瘩状。

防水雨靴
也需细心呵护

30

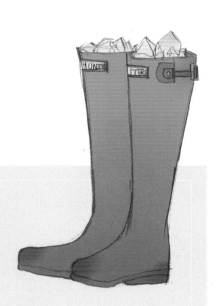

　　这几年来，穿雨靴已经不仅仅是为了防水。雨季过后，包括HUNTER（英国品牌）等品牌雨靴，无形中也成为潮人们打造外出造型的行头之一。可是即便是防水耐磨的雨靴，不好好保养也是不行的。

雨靴上的水要清除后才能收纳

　　穿雨靴外出，不管是遇到滂沱大雨还是晴朗的天气，因为雨水与汗水的缘故，回家后请先将雨靴放在通风处晾干，并在靴内放入旧报纸吸收汗水后再收进鞋柜。因为雨靴多为橡胶材质，请避免接触高温环境或接受强烈光线照射。如果鞋面有污垢，用清水清洗即可，不要随便用漂白水，否则会伤害材质。

 佑群老师小叮咛

雨靴的进阶保养

　　建议搭配使用亮洁海绵和清洁保养喷剂对雨靴进行保养。请先确保雨靴上已没有污渍，然后以亮洁海绵轻轻擦拭鞋面，再用干布擦干。若有污渍，在距离鞋面15厘米处喷洒清洁保养剂，进行小范围的局部清洁，再用干布擦拭即可。

正确收纳鞋子 防止受潮

31

鞋子受潮发霉是结束鞋子生命的"杀手"之一，所以不管是回家脱下鞋子后，还是换季要将鞋子收纳至鞋柜中，做好基本的防潮工作很重要。

用报纸隔绝水汽

可以将报纸塞入鞋头，再用塑料袋把鞋子套起来，可以同时防污防潮，但前提是鞋子本身已经是干燥的状态，否则在封闭环境中鞋子反而会因水汽而发霉。建议在鞋柜底层铺上报纸，帮助吸收湿气。千万记得，回家刚脱下的鞋子有汗水或雨水的残留，应先放在阴凉处通风，别急着放进密闭的鞋柜，否则可能发霉。

比较名贵的鞋、宝石拼接鞋、漆皮鞋等较容易刮花的鞋子，可以用丝袜包覆防尘，并在鞋盒中放置活性炭等干燥剂。另外，在鞋子中塞入报纸可以吸掉水分，同时能保持鞋子不变形。

鞋盒DIY

32

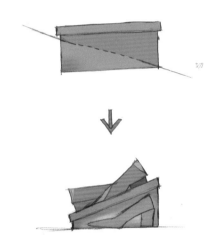

　　鞋子左右脚相反摆放，一排大约可省出20％的空间。此外，也可以自己动手裁剪鞋盒，将原本只能放一双鞋的鞋盒瞬间变大一倍！这样做十分有效率。

收纳要领：

1. 准备一个空的鞋盒（含盒盖），将盒盖的顶面与盒身的底对齐黏合，拿剪刀裁剪盒身，剪出一个适度的斜角。这样鞋盒放置在较高处时，也容易看到里面的鞋子。
2. 不透明的鞋盒，建议在鞋盒外面贴上里面所放鞋子的照片，更方便寻找！

行李箱保养重点

33

　　近年来，似RIMOWA（德国旅行箱品牌）之类漂亮新颖的行李箱纷纷俘获时尚圈人士、上班族的目光。然而，有一个事实要认清：如果你买了一款托运用的大行李箱，那么就一定要有箱子表面会因撞击遭到些微毁损的心理准备。如果逆向思考，将那些刮痕与上面的贴纸当作旅行的符号，也能成就一种时尚感。

轮子也是保养重点

　　常见的硬壳箱表面的污渍用一般的中性洗涤剂就可以清除；软箱的外壳则尽量以棉布蘸水擦拭，因为使用清洁剂可能会伤害箱子表面。软壳箱或是皮革材质的行李箱一定要放在阴凉通风处，避免受潮，避免阳光照射。此外，很多人都忽略了一点：箱子的轮子要常上油润滑，避免收纳后生锈。

 佑群老师小叮咛

硬壳行李箱VS软壳行李箱

	优点	缺点
硬壳行李箱	耐摔、耐撞，可以保护箱子中的东西不被挤压，款式更多	比较重，携带较费力，而且空间固定无法装太多东西
软壳行李箱	材料较轻巧，较不易超重，而且空间较有弹性，可以装很多东西	大多是拉链设计，如果不小心装得太满有可能会爆开，东西也较容易被挤压

浅色皮革包
急救方法

34

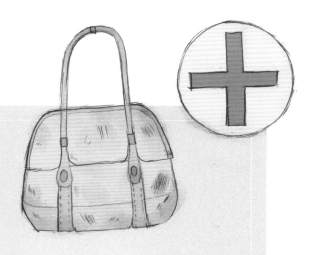

　　我想很多人都有这种经历：一不小心弄脏了一个漂亮的浅色包，然后心疼不已。这也是许多人不爱买浅色包的原因。其实包上沾上污渍不必过度担心，有一些急救的诀窍可以解决这个问题。

由小处开始清洁

　　以干净棉布蘸肥皂水或专用清洁剂轻拭脏污处，常用的"可丽奶"为强力去污剂，比较适合纯白色包，但用在浅色包上容易擦掉颜色或留下痕迹，使用时一定要小心。如果包被圆珠笔划到，可以先用卸妆油轻拭，再以棉布蘸水轻拭。

　　因为每种包的质材有差异，先试着处理一小处比较保险。如果还是清除不掉，要赶紧将包送至专业保养店急救。

耐用尼龙包 的防护

35

一般来说，尼龙包在保养上比皮革轻松，我个人就很偏爱PRADA（普拉达）经典尼龙包。然而，尼龙包弄脏时还是要注意清洁技巧。

想要防水效果长久就要手洗

尼龙包沾上一般脏污时，先用布蘸清水或中性清洁剂轻轻擦拭，千万不要用洗衣机清洗，否则容易破坏尼龙包原有的防水处理，甚至破坏布料与五金件。如果包上有褶皱，用直立式蒸汽熨斗稍微整烫即可，但温度不可过高并且熨烫时间不可过久。

休闲帆布包
清洁绝招

36

　　许多女生外出行头过多时，就喜欢提着大帆布包出门。帆布包看起来休闲又耐用，但是同样要注意清洁方式。

小心不要让污渍渗进布料造成难以清洁的后果

　　如果包上沾到蜜粉等粉尘类化妆品，先用拍打方式急救，不要随意蘸水让污渍扩大。若是沾到其他污渍，可以先用干净棉布蘸一点水或中性清洁剂单点擦拭，但千万不要马上冲水，否则污渍渗透进布料纤维就很难救得回来了。如果真的处理不了，就送到专业保养店里清洁吧！

名牌包
清洁保养基本法则

37

平常就该好好爱惜名牌包，而非放在衣柜里让它受潮发霉。而除了将其放置在阴凉通风的地方之外，还要注意勤做保养。

建议使用专用清洁剂清洁名牌包

记得一两个月就用皮革专用清洁剂与保护液保养一次，将专用保养液倒在不易产生棉絮的化妆棉上轻轻擦拭包身即可。下雨天尽量避免带高级皮革包出门。要注意的是，清洁液可丽奶的油脂分子较大，不易渗入皮革，所以不建议使用在高级皮革上，橡皮擦更不建议使用，牙膏中的有机溶剂有时也会造成皮革褪色，要小心使用。

名牌包里面如果要放填充物固定形状，以透明塑料袋或干净纸张为佳，报纸可能会让包内沾染油墨，也较容易使包受潮。

保养名牌包三大忌讳

38

TIPS 时尚更衣室

所谓"预防胜于治疗"，如果能避免危险因素，就能延长心爱的名牌包的生命。

保养要领：

1. 皮包最怕被尖锐物品划到，尤其是笔尖，它的墨水还容易渗透、沉淀。皮包一旦被划，最好的方式是尽快送到专业保养店处理。当然，避免包里的笔和尖锐物品相互挤压才是预防之道。

2. 如果是漆皮包，还要注意防水和防高温。许多人以为漆皮有防水特性，就可以在雨天拿出门，这种观念其实是错的！另外，也不要把漆皮包置于高温环境中，例如夏天高温的车内，否则有可能让其表面涂层遇热熔化，还可能留下指纹。

3. 别穿容易掉色的牛仔裤，以免心爱的包被染色。

背包与钱包的选择及搭配

1. 女生在选择包的外形的时候，不要只注重正面造型。当你背着或拎着包迎面而来时，许多人会注意到你的正面与包包的侧面，因此包的侧面形状也要注意。例如：
   ① 圆身的女生比较适合方正型的包，例如扁包、信封式手拿包、公文包型手提包、医生包、方型托特包等轮廓较硬挺、有方正感的包。
   ② 扁身的人适合搭配水桶包、波士顿包、保龄球包等轮廓较圆的包增加自己的分量感。
   ③ 高个子的女生适合多数包；小个子的女生则应避免拿大包，否则会显得更矮小。

2. 就实用性而言，需注意包身的重量不要过重，是否容易上肩或附有可斜背的肩背带，以及包的大小至少可以放进A4纸或平板电脑等问题。还有夹层多、内附可以挂上钥匙的链条、包背面有暗袋可放置公交卡等细节也可以让生活变得更便利。

3. 钱包大致分为长款与短款。选择的基本原则是，放钞票的夹层长宽高至少可以容纳自己居住地区的钞票。因为有些钱包虽然造型漂亮，但往往会有夹层过浅、钞票外露的问题，相当不方便。另外，可依自身习惯选择卡片夹层多寡、是否有放置零钱的地方。如果经常背大包出门，长款钱包比短款置物空间更大，用起来也更方便。通常钱包是不轻易拿出来给外人看的，因此拿出来的瞬间往往更会被外界注意，所以选择一款质感与做工好的钱包也是表现品位的方式。

银饰的
收纳与保养

39

银饰变黑是正常现象，也是许多人都有的烦心经历，这是因为银容易和空气的硫化物发生化学反应，在银饰表面形成黑色的硫化银膜。其实，简单的保养步骤就可以延长银饰的寿命。

在正常情况下擦拭保养即可

银饰不佩戴时要密封保存。银饰其实不需要经常擦拭，保养重点在于尽量减少其接触空气的机会。切记避免戴着银饰洗澡、泡温泉、游泳，温泉水或硫化物尤其容易让其表面产生变化。如果银饰被氧化，最好使用擦银布直接擦拭，且要避免沾到水加速银饰氧化。

经常佩戴银饰时，银饰接触到人体的油脂就会产生出自然温润的光泽。要记得，在上完妆后再戴上银饰品，避免发胶、香水等物质对其造成伤害，也要避免同时戴其他贵金属，以免饰品互相碰撞擦伤。暂时不戴的银饰记得用棉布擦干净放入盒或袋中密封保存。如果银饰变黑，可用擦银布、软毛刷蘸牙膏、手搓香皂等方式清洗。若非不得已不要随便用洗银水。

K金饰品
时常保养散发贵气

40

K金类饰品可能是首饰盒里面最常见的材质吧！这类饰品保养得宜则看起来显得贵气，但如果没有妥善保养，饰品反而会显得邋遢以至根本无法佩戴。

送专业店铺清洗也要注意细节

与其他饰品一样，K金饰品要在上完妆后再戴上，不要接触到香水、发胶、化妆品等酸性物质。饰品上如果有汗渍，可在酒精中浸泡几分钟后取出，汗渍会随着酒精挥发；也可以使用软毛牙刷蘸取牙膏、中性清洁剂或珠宝清洁剂轻轻擦拭。

如果不放心自己清洁，可以送去专业店铺做超声波清洗，同时注意别因为高频率振动让镶爪松动。一般的K金饰品，两三年就要做一次专业抛磨使其恢复光泽。

贵重金饰
保养得宜才能保值

41

中性清洁剂

华丽贵气的金饰品，平常就必须随时注意保养，这样才能保值又彰显个人品位。

金饰高贵亦脆弱

佩戴首饰要注意：上完妆后再戴上金饰，避免接触香水、发胶等酸性物质；不要戴着金饰游泳，因为含氯的海水或泳池水混合汗水都会对金饰造成侵蚀；回家后记得要先摘下金饰品。

当金饰品褪色或有斑点时，可将其浸泡在混合了中性清洁剂的水中，用软毛刷轻轻刷洗。平时不要随便用有粉末的洗衣粉或清洁剂清洁，因为金的硬度低，容易被刮伤。可以将金饰单独摆放，避免接触其他金属而产生斑点。

脆弱的珍珠饰品
应单独收纳

42

女人的首饰盒里，都至少应该有一副可以立即让自己气质变高雅的珍珠饰品，保养得宜甚至可以当作给女儿的传家之宝呢！

珍珠质地较软易受伤

请不要戴珍珠饰品下厨，因为油烟会进入珍珠微小的气孔使其变黄；汗水也会使珍珠变黄。佩戴后的珍珠饰品请用干净柔软的湿布擦拭，吹干后放回首饰盒。珍珠饰品应放置于阴凉处，避免干燥或阳光照射；不要和其他珠宝摆在一起，以免刮伤。

 佑群老师小叮咛

打破误区，别再用牙膏
清洁珍珠饰品！

很多人都有一个错误的观念，以为用牙膏清洁珍珠会让它看起来亮丽如新。其实牙膏中含有高硬度的颗粒物质，用来清洁珍珠有可能会磨损质地较软的珍珠，所以一定不要这么做。

丝巾保养重点

43

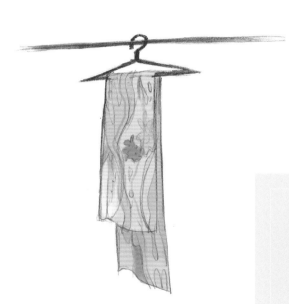

每个女人都应该拥有几条漂亮又质地细腻的丝巾,它不但会让你看起来更有气质,同时也能衬托出时尚感。

避免丝巾起毛球或失去光泽

真丝丝巾质地轻薄,建议干洗或用中性洗涤剂轻柔手洗。丝巾晾干后或出现折痕时,请使用衣架挂放或低温熨烫丝巾的反面。

丝巾通常经不起不断摩擦,所以不要老是在同一部位打结,否则易使该部位失去光泽或起毛球。此外,长时间的紫外线或灯光照射可能会让丝巾泛黄。丝巾质地细腻柔软易被勾刮。如果发生勾刮,可用两手抓住被勾到处慢慢将其拉直,待丝巾回到原来的状态后,用熨斗轻熨定型。

丝巾不压皱，
收纳好方法

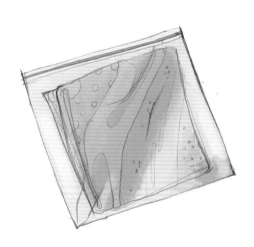

许多人收纳丝巾的方法就和收纳手帕一样，简单地折叠好就放进抽屉了，但是这样容易产生压痕，要取出时又不容易辨识各种款式的丝巾。

仿照袜子收纳法收纳丝巾

可以将丝巾一条一条卷成圆筒状，整齐排列在抽屉里，方便辨识款式又省空间。如果是较高级的丝巾，可放入透明塑料袋避免勾刮损伤。切勿在丝巾上面放重物，否则容易产生不易消除的压痕，还会降低丝巾弹性。很重要的一点是，由于丝巾容易吸附味道，收纳时旁边不要摆放除虫剂，否则丝巾会吸附其异味。

石英表
和机械表的区别

45

对收藏家级别的表迷来说，这似乎是基本常识，然而大多数人对二者的区别还是一知半解。

机械表不使用电池

机械表为纯机械式，用发条来带动齿轮，因为无须外在动力，所以不需要换电池，但是准确度会受到环境、配戴者等的影响。机械表的寿命比较长，可用几十年甚至上百年。石英表为电子式，表面一般有QUARTZ（石英）字样，以电池为动力来源。其动力来源稳定，相当准确，缺点是须定时换电池，而且电池本身有污染问题，电路也有老化的可能，因此石英表寿命较短，但相对轻薄一些。

麻织品
坚韧又强硬

46

时尚更衣室

提到麻织品，我们就会想到干爽、清新、舒适。虽然比较容易起皱，但麻纤维可是夏季服装材质最好的选择之一呢！

助你度过炎夏的凉爽材质

麻起源于公元前八千年前，是人类最早使用的纤维。麻主要种植在北半球的凉爽地区，例如法国、中国、比利时等地，其中法国诺曼底产的亚麻，细致而有光泽，是亚麻中的精品。麻纤维吸水速干性高，并具抗菌性，因此易吸收汗水并快速散发，能保持肌肤干爽。麻也是纤维中最坚韧的，韧度是棉的两倍，遇水更坚韧耐洗。

麻织品的穿搭

一想到麻质布料的衣物，就会联想到春夏。确实，麻质拥有绝佳的透气性，吸水性强但干得也快，又因为其纤维较粗，耐磨性好，因此不易损坏。亚麻是人类最早使用的天然植物纤维，然而缺点是容易起皱。所以，麻质的衣服比较适合休闲风格的穿搭，即使是衬衫或西装外套剪裁的款式，也以"半正式"风的造型搭配较佳。

由于麻质衣物轻盈坚韧，在颜色上可以选择白色、水蓝、粉红等淡雅色系，与同样为麻质的围巾互搭，或搭配短裤、飘逸的裙装、有压折或蕾丝的服饰、凉鞋、帆布鞋、编织感的平底鞋都很适合。

鸡尾酒戒
让你成为宴会的焦点

在好莱坞电影里，我们常常看到漂亮的女主角在出席正式宴会时戴着鸡尾酒戒（cooktail ring）出场，只要一只就足以吸引众人目光。

画龙点睛，装饰服装

鸡尾酒戒早期是出席派对时的搭配，可追溯到20世纪50年代的美国。它泛指女性在晚宴中戴的最显眼亮丽的那只戒指，借以彰显身份地位。

过去，女性会把鸡尾酒戒戴在右手，以便和将戒指戴在左手的已婚女性作区别，故鸡尾酒戒又称为右手戒（right-hand ring）。鸡尾酒戒通常会使用宝石等贵金属，也可用玛瑙、水晶等其他材质。现在的鸡尾酒戒已经不像过去那么正式了，可以随性搭配，以彰显个人风格。戴单个或多个，左手或右手戴皆可。

羽绒服的定义

48

并非只要是格子状的厚外套就能称之为羽绒服，要视其中所含的内容物而定。

羽绒绒朵越大越保暖

所谓羽绒服是指由羽绒填充制成的衣服。而羽绒是指水鸟（鹅、鸭）胸前羽毛前端，形状像蒲公英般轻柔松软的部分。羽绒以白鹅绒为佳且绒朵越大越好，鸭绒次之。

羽绒能像毛孔般随温度自然开合，隔绝冷空气，从而起到保暖的作用。羽绒越多保暖度当然越好，但大多数羽绒服中都会掺入带着梗的小羽毛，要称得上是顶级羽绒服，羽绒与小羽根的比例必须在9∶1以上。

羽绒服
格子状外形的由来

49

　　虽然大多数人对羽绒服的印象都是像米其林轮胎宝宝一样一格一格的模样，但是相信有许多人完全不知道它呈格子状外形的原因吧！

　　将羽绒服缝成格子状是为了能够固定外套内的羽绒，避免穿着时间一长羽绒互相纠结，结成一块一块的。一件没有车缝格子的羽绒服，如果不是做工粗糙，就有可能是以树脂聚酯棉作为填充物的。这种外套洗过几次后，衣服内的添加物还可能下垂，让外套整体变形为葫芦状，保暖效果一定会变差。

文青风的
威灵顿框眼镜

50

近年来，复古手工眼镜风潮崛起，复古眼镜也成为重要的时尚配件之一。大多数人对其框型一知半解，但其中主流款的威灵顿框(Wellington frame)一定要认识。

文青必备的提升气质单品

至今已有160多年历史的英国学府威灵顿公学(Wellington College)培育过许多名流绅士。在20世纪50年代，受到电影《超人》的影响，校内学生纷纷仿效主角克拉克，戴起了同款眼镜，"威灵顿框"的名称因此而来。后来，以哈佛大学为首的八大名校学生也加入了这股流行风潮，掀起了"威灵顿框"热潮。

威灵顿框眼镜的特色在于镜框呈现上宽下窄的倒梯形，以黑胶款为主流，戴起来比较没有威胁感，表情看起来也更为和善，可以营造文学气息，容易塑造校园风或时尚文青的感觉。

学院风的
波士顿框眼镜

51

提到威灵顿框眼镜，就一定要提波士顿框(Boston frame)。20世纪70年代，波士顿地区大学生自主意识抬头，大家戴的眼镜和手提包一定要独特，所以才有了波士顿包、波士顿框的出现。也由于镜框形状和波士顿包侧面相似，故有了波士顿框这样的名称。

圆形设计，造型显眼

波士顿框眼镜的镜框介于圆形与椭圆形之间，类似蛋形的独特设计能修饰面部线条，降低侵略性。有人说好莱坞型男约翰尼·德普戴的是波士顿框眼镜，但更准确地说，这种框型来自他的偶像詹姆斯·迪恩在20世纪50年代经常戴的阿恩尔框型（Arnel shape）。

正统帆船鞋的定义

52

1935年，Paul Sperry（保罗·斯佩里）开发了世界上第一双帆船鞋。因是为在夹板上活动或从事水上运动而开发的鞋款，所以鞋底运用了剃刀割纹增强抓地性与防滑性。

虽是真皮却能防水

帆船鞋必须要有排水、排气的功能，让脚可以在短时间内恢复干爽，而且真正的帆船鞋基本上都有防泼水设计，不怕海水或雨水。帆船鞋鞋底一定要有止滑、防滑的设计，要容易穿脱，而且前脚板要柔软，能够轻易弯曲。

 时尚更衣室

帆船鞋的穿搭

夏天比较适合穿帆船鞋，再搭配短裤给人轻松、户外休闲的感觉。Polo衫或是带有海洋风的横条纹上衣、短袖衬衫也都是帆船鞋的好搭档。如果想要增加时髦感，在脖子上系上一条充满夏天气息的海洋风丝巾也是不错的选择。

哈雷皮衣
酷炫又有型

53

近年来，骑重型摩托或哈雷摩托的人越来越多，除了男生外，女骑士也有增加的趋势。而在国外很普遍的哈雷专用皮衣，大家可能对于它的特色还不是很熟悉。其实，Harley Davidson（哈雷·戴维森）等品牌的骑士用专业皮衣和一般皮衣是有差别的。

富有弹性，方便活动

哈雷皮衣符合人体工学，袖子呈现自然曲度，手腕和背部设计了拉链，可依身形与姿势调整松紧，手肘、背部或肩部都有隐藏内袋可放置软垫护具。哈雷皮衣和一般皮衣最大的差别是它能够在夏日通风透气、在冬日保暖，皮裤可以防风、防摩擦、防寒、防热。如果皮衣标示为FXRG系列，则说明它属于专业的极致功能性骑乘装备。

小腹救星——
蜂腰裙

54

　　曾经被日本女性杂志选为2012年度最红单品，我相信热度至少会延续好几年的热门单品就是蜂腰裙（peplum）式剪裁的上衣。

　　这个词的日文为"ペプラム"，意指在腰部周围有伞状压褶设计的衣服。这种衣服可以遮住小腹又能修饰腰线及臀部，因此大受欢迎！日本女生甚至因此发明了新动词"ペプる"，就是穿上蜂腰裙的意思，可见蜂腰裙火爆的程度。

爱马仕(Hermes)
橘色外包装的由来

55

现在在路上看到女生手上拎着一款橘色购物袋的时候，你会不会凭直觉就知道那是爱马仕呢？

误打误撞成就经典

其实最早爱马仕的包装盒是乳白色的，但第二次世界大战后物资缺乏，厂商采购不到原料，只好使用当时被法国人认为是禁忌的红色与低俗的黄色所制出的橘色包装盒。那时，橘色是属于低下阶级的颜色，然而爱马仕经营者Emile（埃米尔）却逆向思考，索性利用抢眼的橘色包装来凸显品牌皮件质感，后来人们一看到橘色盒子就联想到爱马仕了。

大家都说红色或橘色的包装、广告容易让消费者看了产生购物欲望，或许这也是它受欢迎的秘密之一吧。

皮鞋构造的名称

56

D.鞋舌

E.鞋带

F.鞋跟

C.鞋面

G.贴边

A.鞋弓

B.鞋尖

你知道皮鞋各部位的名称是什么吗？不要小看这些常识，不会表达各部位名称，选鞋时可能会在沟通上产生问题，不妨一起认识一下。

A.鞋弓：支撑脚跟到鞋底的弓形部分。

B.鞋尖：脚趾的部分，分为圆头、方头与尖头。

C.鞋面：多为小牛皮材质。

D.鞋舌：系鞋带的部位与脚背之间的部分，便于穿脱及保护脚背。

E.鞋带：圆鞋带较正式，扁平鞋带较休闲。

F.鞋跟：身体重心通常容易放在脚跟上，因此鞋跟最易磨损。

G.贴边：鞋皮和鞋底之间细细的一块皮。

亨利领
让上衣别具巧思

57

　　或许还有许多人不知道亨利领，在国外服装杂志上却经常可以看到这个名词。对外国人来说，这种类型的衣服很普遍。

单穿、混搭都有型

　　亨利领（Henley neck）上衣指的是螺纹包边、半圆领口半开襟的上衣，以三扣开襟居多。其名称来自英国泰晤士河畔的亨利镇赛艇运动船队制服，20世纪70年代传至美国并日渐盛行。有一阵子，亨利领上衣几乎成为日本男人衣柜中不可或缺的单品之一。

　　贝克汉姆、小田切让等型男都喜爱穿这种上衣。除了单穿不扣的性感穿法，在内里混搭U领坦克背心的层次搭法也是主流。

夏季必备的
轻飘雪纺材质

58

春夏时节，常听到大家说穿上雪纺洋装很轻薄飘逸，又可以凸显女性气质。确实，雪纺单品易打理又好搭配，不论是少女还是轻熟女都适合。

透气、轻薄、好搭配

其实"雪纺"是由法文Chiffon音译而来，主要是以真丝、棉或合成纤维制成的强捻纱，质地柔软轻薄、半透明，而且略有弹性，具有良好的透气性和悬垂性。雪纺虽易产生皱褶，但晾干前轻微拉扯或用蒸汽熨斗熨烫即可恢复，收纳时建议垂坠吊挂。

海洋风情的
蓝白条纹衫

59

每到夏季，就会看到各大时尚杂志的模特儿纷纷换上蓝白横条纹上衣，宣示"海洋风"的到来。然而，为什么清爽的蓝白条纹会与海洋风、夏天、水手风格画上等号呢？

蓝白条纹衫原来的功能是为了预防危险？

蓝白条纹衫最早可以追溯到法国西北的布列塔尼地区，该地水手从19世纪起就穿蓝白相间的条纹衫了。据说这种条纹衫最大的功能是，万一有人不小心从甲板上掉入海中，条纹衫能让他们比较迅速地被发现。后来法国海军、英国海军陆续将这种条纹棉衫定为海军制服，之后它就逐渐演变成今日海洋风的象征了。

牛角扣大衣的由来

60

　　我们冬天看到的清新可爱的牛角扣大衣，其英文名称叫作duffel coat，最早是北欧渔夫的标志性穿着，到了第二次世界大战后，英国海军也开始穿着。

风格年轻又有质感

　　牛角扣大衣主要作为防寒用的外套，以毛呢材质为主，特征是排扣上皆以穿上绳子的木头或牛角当作扣子，一般都会附带帽子。这种大衣后来渐渐变成带有校园风的单品，出现在年轻男女身上。

男女都很适合的
海军风大衣

61

时尚杂志上经常会出现pea coat这个字眼，中文习惯将其翻译成海军风大衣或是双排扣外套等。这种衣服出现于19世纪末，是英国海军在船舰上穿着的军服，后来法国等地的渔夫也会穿上它。

双排扣让外套使用寿命增长

海军风大衣开襟两侧的双排扣，为何都可互相用纽扣扣上呢？据说是为了应付甲板作业时严峻的天气条件，面对随时可能变化的风向，即使其中一边的纽扣破损了，还有另外一边可以使用，这样可以确保外套的使用寿命。后来，它的双排扣设计备受年轻男女欢迎，短版款式已成为校园风造型的必备单品之一。

Hedi Slimane（艾迪·斯理曼）是我最喜爱的时装设计师。过去执掌Dior Homme（迪奥·桀骜）时，他接近病态的窄身穿着颠覆了人们对于男装的想象。如今他重回圣罗兰（YSL），却把圣罗兰一向引以为傲的标志一改，Saint Laurent Paris（圣罗兰巴黎）成了时装界的"当红炸子鸡"，不变的是，那加入了叛逆摇滚味、高端时尚与街头潮流的世界观。于是，我穿上了艾迪式的窄身皮衣，向他致敬的同时也想告诉大家：穿着请依循逻辑，找出忠于自己的风格。

时尚总监 & 造型师:李佑群(Yougun Lee)
摄影:苏益良(Liang Su)
化妆:李筱雯(Wen Lee)
发型:Mai
助理:李伊雯 吴芳彦 Karen
摄像:Jacky

艾迪·斯理曼造型

　　艾迪·斯理曼最令人印象深刻的穿着就是一身窄版的皮革骑士夹克、格纹衬衫与铅笔裤，这种桀骜不驯的穿着风格也是我日常所喜爱的。

造型清单
- Bauhaus（包豪斯）黑色皮革骑士夹克
- Paul&Joe（保罗&乔）灰白格纹衬衫
- ELEVEN PARIS(Artifact)（法国时尚品牌）白色卡尔拉格斐肖像T恤
- UNIQLO（优衣库）黑色瘦腿裤
- Giuliano Fujiwara（松村正太）黑色高筒运动鞋
- Yves Saint Laurent（圣罗兰）Y字皮革手环
- Pet Shops Girl（宠物买女孩）法国斗牛犬戒指
- Boycott（日本品牌）英国斗牛犬戒指

漂亮的白衬衫
带出个人气质

01

　　白衬衫是每个女性衣柜中都应该有的基本单品。然而，你的白衬衫是否能修饰你的身形，衬托你的气质与品位呢？别小看白衬衫，穿对白衬衫，会显得时髦、有质感并且身材苗条。

时尚要领：

1. 硬挺带点光泽感的白衬衫会让人看起来较时髦且有精神。
2. 剪裁合身，同时明显带有腰身的款式可以让你看起来更瘦。
3. 穿着衬衫领片较大的白衬衫时，可将领子微微拉起，并打开胸前两颗扣子，制造深邃V字区，在视觉上会有瘦脸效果，并且能打造利落感。
4. 可以帅气地反折袖口，露出手腕，这样看起来更干练。

 时尚更衣室

一件白衬衫搭出5种风格

1. 搭配西装外套，硬挺的线条会让人意气风发。
2. 搭配有花朵图案、花色艳丽的膝上裙，穿平底鞋，可以营造乡村风格。
3. 搭配闪光材质的下装，看起来就会正式又有型，适合参与"跑趴"等时尚活动。
4. 搭配宽松长裤，将衬衫下摆塞进裤子里，手拿晚宴包，可以打造复古的造型。
5. 搭配长裤，穿平底鞋，就是标准的大学生装扮，利落又有气质。

T恤领口
隐藏大学问

02

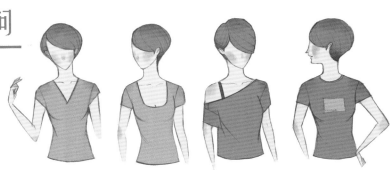

　　每个人的衣柜里少说也有5件以上的T恤吧！别小看每天都穿的T恤，其实选择T恤时，最重要的是注意领口的剪裁，因为它会大大影响脸形与比例。

时尚要领：

1. 露出锁骨的V领T恤可以让身形显瘦，也有瘦脸的视觉效果。
2. 露出锁骨的大U领T恤看起来比较性感，也略有显瘦作用。
3. 宽松的船型领或一字领T恤，向一侧拉至露出肩膀，内搭细肩带背心，不但可以遮掩手臂赘肉，也富有性感味道。
4. 遮住锁骨的一般圆领T恤会让人看起来比较休闲、年轻，因为不具显瘦效果，所以不建议脖子短或身材肉肉的女生穿。

 时尚更衣室

　　　　白衬衫、白T恤这种简单的单品怎么搭配最时尚？

　　20世纪60年代，电影演员詹姆斯·迪恩穿着白色T恤、牛仔裤的利落形象深入人心，引得无数青少年争相模仿，迪恩堪称让白色T恤成为潮流的始祖。而影星玛丽莲·梦露经常穿着白衬衫出现在镜头里，时而性感时而脱俗。于是，这两种单品几乎成了每个人衣柜里必备中的必备。

　　增加时尚感最简单的方式就是在白T恤或白衬衫外罩件修身的西装外套或是骑士夹克。记住，因为这两种单品实在太干净简洁了，所以它们大多数时候都可以当你全身穿着的"最佳配角"，放肆地与最潮单品搭配。而白色衬衫，有时可以将它的扣子全打开当作轻薄外套，内搭坦客背心，将袖子反折，营造时尚又随性的风格。

穿出
风衣的品味

03

提到风衣，我们就一定会想到BURBERRY（巴宝莉）的经典款式，穿起来帅气利落又有型。确实，风衣时髦又有质感，也是春天与秋天等过渡季节最好用的御寒造型品之一，而且只需要一点点小技巧就能显现品位。

风衣的腰带掌握风格

想要营造随性风格，可以不扣纽扣，并将腰带绑在腰后，刻意制造出腰身，而且不需要规矩地将腰带系入腰带扣环中。如果把扣子和领口全部都扣上，除了防雨、防风，也可以营造神秘感。想要更进一步显现风格，可以将丝巾和风衣用腰带绑在一起，或拿掉原来的腰带改以丝巾装饰。

 时尚知识站

巴宝莉风衣

时尚界流传着一句很有趣的话：只要一下起雨来，整个伦敦都覆盖在巴宝莉之下！在下起小雨和风大时，英国人通常不会撑伞，只穿一件有型的巴宝莉风衣就出门。这不是在坏天气也要耍帅，而是他们生活的一部分。

1879年，巴宝莉创办人Thomas Burberry（托马斯·巴宝莉）发现牧羊人穿着的罩衫竟然有冬暖夏凉的特性，经过研究，巴宝莉制造出了名为华达呢（gabardine）的布料。第一次世界大战时，由这一材料制成的风衣还被指定为英国军队的军服。不过巴宝莉会由实用品变成流行品，主要还是要归功于好莱坞电影，例如《蒂凡尼的早餐》(Breakfast at Tiffany's)、《华尔街》(Wall Street)等，片中主角穿着风衣亮相，等于是帮巴宝莉做了最好的宣传。

用服装击退
恼人小腹

04

　　很多女生看起来纤瘦但却一样有小腹，因此造成穿着上的困扰。确实，小腹是身体上最容易囤积脂肪也是最难瘦的地方。在让小腹瘦下去之前，赶紧先靠衣装拯救一下吧！

时尚要领：

1. 避免穿过于贴身、延展性强的棉质上衣，例如棉质合身T恤、针织衫等，否则会让小腹上的肉凸起，看起来更显胖。
2. 高腰且收腰、下摆是荷叶边的蜂腰剪裁上衣可以遮掩小腹并转移焦点，可谓是最佳的小腹救星。
3. 选择硬挺材质的上衣，或是搭配宽版腰封，可以让小腹不再显眼。
4. 选择A字形长版上衣或连衣裙，放松小腹、无压迫感的单品有助于遮掩小腹。
5. 穿上腰间有压褶的波浪裙时，请记得检查侧面轮廓，避免看起来有小腹。

西装外套是时尚、显瘦必备单品

05

无论男女，请不要怀疑，西装外套绝对是你最好的显瘦单品，同时也是最容易增加时髦感和正式感的单品，说它是所有服饰中最百搭的单品也不为过。选购时一定要注意腰部剪裁的曲线感，不论男性、女性的款式都要有腰线剪裁，才会显现身材曲线并显瘦；肩线的剪裁也要自然不造作，尽量不要加垫肩，否则只会让身形看起来更魁梧。

每个细节都是时尚重点

屁股比较肉的女生，西装外套建议选择遮住臀部1/2的长版款式，以便修饰臀型。西装领片也蕴含着大学问，领口的V字区纵深越深，视觉上越能显瘦。另外，许多人都忽略的一个关键问题是：皮革材质的西装外套不要轻易尝试，除非皮料很有质感，否则容易使你看上去像穿着沙发皮套出门。

西装领片
影响体形及风格

06

西装外套总是装饰性多过实用性，但为什么还是有许多人趋之若鹜呢？因为只要一穿上它，就有瞬间转换形象的神奇魅力。西装外套已经成了男男女女衣柜里不可或缺的单品，领片更是整件西装外套的重点。不同风格与味道的西装领片，会影响整体的搭配与气质。

时尚要领：

1. 一般西装领片（notch lapel）：上下领片翻折，下领片比较低垂。这种领片看起来稳重，适合一般上班族与商务人士。
2. 剑领（peaked lapel）：上下领片呈尖锐状向上，看起来比较利落强势，也更正式、时髦。这种领片曾在二十世纪二三十年代引起风潮。
3. 丝瓜领（shawl lapel）：单一领片，呈圆弧状，常见于晚宴或派对中。这种领片最正式、优雅。
4. 领片越窄，看起来越年轻且非正式。

波尔卡圆点
营造甜美气质

07

波尔卡圆点(polka dot)的名字源于捷克的传统民族舞蹈波尔卡,这种舞跳起来需要不断地绕圈,就像波尔卡圆点给人的视觉印象,甜美又活泼。波尔卡圆点带有一点点复古风。除了条纹印花装外,波尔卡圆点服装也是女孩子需要拥有的基本款式。

波尔卡圆点虽然可爱,搭配时一定要小心!

初学者可以从黑白配色的波尔卡圆点开始尝试,选择黑点白底或白点黑底或与底色相近色的圆点。反差对比不强,就不容易有夸张或显胖的困扰。另外,可以由小范围的搭配着手,例如将波尔卡圆点点缀在服装细节上的单品,或是使用波尔卡圆点的饰品、丝巾等。

身材比较壮硕或圆身有肉的女生,要避免让圆点印花衣服贴在比较容易凸显身形的部位,例如胸部、上半身、臀部或大腿等处。如果还是担心,可以先从小圆点开始挑战。

 时尚知识站

"圆点女王"——草间弥生

提到波尔卡圆点就一定会想到日本当代艺术家草间弥生,她甚至还有"圆点革命家"的称号。通过波尔卡圆点,草间诉说着她的幻想、欲望与孤独,在20世纪60年代,她的影响力甚至不输给安迪·沃霍尔(Andy Warhol)。染着一头红发,总穿着自己设计的波尔卡圆点服饰的草间,还会一直引领时代潮流。

善用几何线条
制造好的身材比例

08

　　"横条纹印花单品会让人看起来膨胀。"这是大多数人都有的基本观念，但是如果你以为穿上横条纹一定会显胖，那就大错特错了！有效利用条纹单品，反而能让人看起来更瘦。

利用对比显瘦

　　只要避免穿过于贴身的横条纹上衣、窄裙、打底裤，或是颜色对比明显的条纹衣，就不会显得过度膨胀，例如深蓝、暗红条纹等对比较不强烈的条纹衣，穿起来会比较显瘦。可以尝试不贴身的横条纹A字裙或围巾，对比会让其他部位看起来较纤细。纵向的直条纹单品有拉长身形的效果，但要避免让条纹过于贴身而变形，因此裤裆宽松向下渐窄的直条纹老爷裤比贴腿的直条纹打底裤更显瘦。

碎花裙风格迥异
展现不同韵味

09

　　碎花裙穿得漂亮就会像日系杂志里的混血模特儿般甜美迷人，或是宛如走在米兰伸展台上的名模般大气。可是，失败的穿着可能让你变成村姑或是大婶，关键到底在哪里？

花朵大小与颜色是碎花裙的关键

　　其实碎花的大小和颜色处处都暗藏玄机：花朵越大、描绘越具体，看起来就越成熟，反之则越年轻。饱和色的花朵搭配较深的底色，往往会显得成熟；而粉嫩色系则给人青春甜美的感觉。想要营造南欧的乡村风，不妨选择亮丽的碎花长裙搭配编织帽、木质手环、凉鞋等自然风格的饰品。

TIPS 时尚更衣室

连衣裙怎样搭配靴子？

　　鞋子的款式会影响整体风格。例如：同一件连衣裙，配上了短靴变得帅气，配牛仔靴变得有民族风，配平底凉鞋又变得充满度假风情。记住一个原则：选择适合自己身形的连衣裙，依照连衣裙的设计与材质(例如蕾丝、印花、渲染、变形虫图案等)透露出来的氛围，选择同样氛围的配件与鞋子款式是最聪明的。例如穿一身白色长裙搭配咖啡色的系带凉鞋、木质手环与编织草帽，马上就会变身为漫步在沙滩的度假女郎。

斗篷尺寸
是时尚成败的关键

10

在5000年前的古埃及浮雕像中，就已经有身着斗篷的人物形象。在中国清朝时期，斗篷更是上层社会女性的衣着。来到现代，近几年的秋冬，斗篷剪裁的上衣已经成为时髦单品的象征了，但是身材娇小的女生都会担心穿起来变成哈比人，往往不敢轻易尝试。

选对尺寸才能显现时尚感

斗篷的尺寸一定要适合自己。试穿时请将两手横向伸直，能完全露出手掌才是对的尺寸；如果伸直手臂后手掌仍旧被覆盖住，就表示这件斗篷对你而言太大。体型娇小的女生建议选择短版斗篷或者仿斗篷伞状剪裁的短版大衣，将腰线拉高，这样不会显得身材矮小。另外一定要注意，穿斗篷时下半身单品一定不能宽大，可以搭配短裤、长靴或铅笔裤。上宽下窄的搭配方式可以让双腿看上去更修长，整个人会时尚又有型。

绷带洋装
打造性感女人味

许多女明星在公开场合都喜欢穿上知名品牌的绷带洋装或绷带裙来展现姣好身材，例如孙芸芸、舒淇、侯佩岑等，都时常穿着绷带洋装在镜头前亮相。只要你对自己的身材有自信，绷带洋装就是你展现性感曲线的最佳武器。

注意别让"邪恶"的肉肉跑出来

绷带洋装是通过类似绷带的材质交叉捆绑剪裁，做出紧致贴身的效果，可以轻松制造性感S形曲线。但由于其材质较紧致、服帖，选择平口或低胸的款式时，要注意是否可完整包覆胸部、衬托胸型，并且不产生副乳；还要检视侧面线条，尤其是腹部是否收紧，有没有小腹凸出。绷带洋装或绷带裙长度大多仅到大腿根部，适合搭配细跟高跟鞋以及宝石款饰品营造华丽性感风格。

防晒衣是夏天
必备的防晒武器

12

UPF 30

夏季，市面上许多衣服都会标榜为"防晒衣"或声称具备抗UV（紫外线）效果，但是它们真的都具有防晒效果吗？究竟如何选择才能买到真正质量好的防晒衣？一般衣物虽能遮阳，但紫外线却依然能透过织物细孔伤害肌肤，而市面上有些号称能防紫外线的防晒衣，仅仅是在布料上添加了陶瓷粉，洗几次后可能就会失去防晒效果。

标明UPF的才是真正的防晒衣

真正能对抗紫外线的防晒衣会有明确的专业机构认证的UPF(ultraviolet protection factor，布料防晒系数)标示，只有经辐射光谱仪器扫描的特殊纤维才具备真正的防晒效果。UPF数越高表示防晒效果越好。例如："UPF30+"的意思是穿这件防晒衣比不穿防晒衣时多了30倍的保护时间。

普通衣物
也有防晒功能

13

夏天除了要享受阳光，更要避免紫外线的伤害。其实衣服的防晒效果会比防晒霜更稳定，许多普通的衣物也有一定的防晒效果，挑对衣服也可以省下一笔买防晒衣的钱。

选择要领：

1. 编织越紧密、布料之间纤维孔洞越小的衣物，越能抵抗紫外线。
2. 丝质、毛料、聚酯纤维材质的衣物抗紫外线能力较好。
3. 衣物颜色越深防晒效果越好。
4. 衣物被弄湿后，散射紫外线能力会下降，防晒力也会减弱。
5. 衣物纤维孔洞越大，紫外线也越容易穿过。因此，宽松版T恤比紧身衣防晒力更好。

穿对高领套头衫，
既保暖又有型

14

　　许多人可能觉得高领套头衫是冬天的保暖武器，却因为无法穿出时尚感而作罢。其实不然，很多时尚品牌都展现了高领衫搭配衬衫与西装外套的多层次穿法，既有型又利落，但如果没有注意一些小细节，很可能就和时尚擦肩而过，甚至显得臃肿肥胖。

高领套头衫款式一定要利落有型

　　高领套头衫应该选择平针编织的贴身款式，材质要薄，穿起来要合身，并且袖子要长及手背处。还有一个较少有人注意的小细节，就是尽量挑选高领缝线与颈围缝线一体成型的款式，这样看起来会比较简洁利落。

佑群老师小叮咛

不适合穿套头衫的人

　　老实说，脖子较短的人，真的不适合穿套头衫，因为它会让你的脖子看起来更短。通常可以用自己的手掌测量脖子长度。如果脖子上没法横放五根手指的话，就属于短脖子的人，可以试试其他流行的衣着款式。

用麻花针织毛衣
战胜寒流，掌握潮流

15

很多人冬天都会穿麻花针织衫御寒，因为麻花针织衫不仅保暖，其厚实的织料还很有质感。然而，如果没有注意穿搭细节，面料蓬松的麻花针织毛衣穿起来可能会显胖。

小心选择颜色与尺寸

上身穿麻花针织毛衣，下半身适合搭配紧身的裤装或短裙，根据上宽下窄的原则打造平衡感。麻花针织毛衣搭配老爷裤还可以营造慵懒情调。

可以套上男友的麻花针织毛衣，尝试宽松加长版的感觉，有时候还可以露出一侧的肩膀营造性感随性的味道，但是要注意，衣服尺寸如果大太多会显得邋遢。

颜色可以选择中性色调，黑、白、灰、米白色的麻花针织毛衣值得投资，因为它们可以衬托出优雅气质，也容易与其他单品搭配。

挑选优质好搭的羽绒外套

16

　　羽绒服虽然保暖抗寒，但厚重的羽绒服时常让我们活动不便，穿起来也无法显示修长的身形，那么该如何挑选一款穿起来利落又有型的羽绒服呢？首先看实用面，蓬松度（FP）越高，保暖效果越好，一般蓬松度在550FP以上的羽绒服即可称为高质量羽绒服，御寒效果很好。羽绒服的表面材质，建议挑选耐用及有防水功能的尼龙材质。想要穿得有型，建议选择A字型的款式，腰身要有抽绳设计，这种款式可以让你看起来更瘦。也可以试试市面上现在推出的所谓"轻量羽绒服"，它除了轻巧、方便携带外，穿起来也较不臃肿。

选羽绒服三大步

　　如何挑选高质量的羽绒服呢？只要三步，就能淘汰劣质、不耐穿的羽绒服。第一，捏捏看。用力捏住羽绒服后放开，其回弹速度越快代表羽绒占比越高，相应的小羽梗就越少，保暖度也越好。第二，拍拍看。拍打羽绒服，看看里面的羽毛会不会飞窜出来，没有羽毛窜出来表示做工较精致。第三，闻闻看。闻一下羽绒服是否有排泄物等的异味，如果有就表示消毒不彻底，千万别购买这种羽绒服。

用羊毛衫与针织衫
轻盈度过寒冬

17

羊毛衫和针织衫绝对是寒冬的必备商品，只要穿一件就有很好的保暖效果。

羊毛衫最保暖

衣服保暖与否在于其导热系数，系数越低越保暖，而纯羊毛的导热系数约为0.092，比其他材质都低，这样只要再外搭一件羽绒大衣就可以应付冬天了。虽然羊毛成分越高的毛衣越容易起毛球，但它比不会起毛球的人造纤维更为保暖。

针织衫是冬天最百搭的单品

针织是将各种材质的纱线勾成线圈，再串套连接，优点在于织出的衣料蓬松抗皱，也比较透气，因此毛衣多以针织工法制作。粗针织型的毛衣较容易起毛球，而且适合偏瘦的人；细针织毛衣则较不易起毛球，适合体形较丰满的女性。上身穿毛衣时，下身可穿A字波浪裙或铅笔裤，营造上宽下窄的视觉效果，比较显瘦。而领口宽松可露出锁骨的船形领毛衣斜肩内搭小背心，可以营造随性自然的风格。

靠穿搭拯救
不完美腿形

18

    我身边许多女性朋友关于身材最头大的问题就是腿形不好看。那么，该如何搭配才能拯救下半身呢？虽然与身形呼应的服饰款式千变万化，但有些基本的逻辑却是相同的。

1.饰品

    可以多多利用发型、丝巾、饰品等装饰上半身，让焦点从下半身转到上半身，而且上半身和下半身的色差越小越好，这样可以打造身高及腿长的延伸感，但是前提是必须制造腰身。

2.裤款

    选择高腰剪裁的裤款，营造上半身短下半身长的视觉效果，腿自然也显得修长了。穿上小喇叭裤型的高腰牛仔裤，更会有意想不到的令双腿修长的效果！

3.裙装

    裙装可以选择不规则下摆剪裁的裙子，打碎腿形线条。

4.鞋子

    可以穿漂亮的高跟鞋，露出脚背，撑起并拉长腿部线条。

    如果前面的方法皆不可行，高腰长裙、宽松的及地长裤会是最后的补救办法。

万用九分裤，
时髦又显瘦

19

　　检查一下你衣柜里的裤子是不是清一色的同一种版型？对于那些打算买一条百搭同时又能兼顾显瘦与时尚的万能裤的女性朋友，我会建议买近几年正当红的九分裤（cropped pants）。

修饰身形，拉长比例

　　不要总是把长裤反折，可以露出纤细脚踝的九分裤有明显拉长腿形的视觉效果，同时看起来比较轻盈。九分裤配上宽松的上装，再搭配漂亮的高跟鞋或厚底楔形鞋，非常有拉长身形的显瘦效果。如果是梨形身材，也就是臀部较大的女生，可选择裤裆较宽松、从膝盖以下渐窄的版型或是深色款来修饰身形。

选择显瘦小脚牛仔裤的技巧

20

打开电视，经常看到身穿小脚牛仔裤的女明星，她们的双腿看起来既纤细又修长。小脚牛仔裤合身但却不会完全贴身，由大腿紧裹到小腿展现女性曲线，版型本身就有显瘦效果。而实际上，小脚牛仔裤的款式也会影响腿部比例与美感。

时尚要领：

1. 原色系（深蓝色）与只有中间刷色两侧是深色的裤子能制造阴影，显瘦效果比较好。
2. 臀部、臀部口袋与车缝线如果呈现上扬的V字形，会有令臀部挺翘的效果。
3. 裤腿两侧的直线车缝线微微地斜向前，可以缩小两腿正面宽度，也有显瘦作用。
4. 裤型要包臀但不挤肉，裤裆在站立、行走和坐下时都不会变形或让胯下线条现形才行。
5. 由于牛仔布料有延展性与记忆性，会越穿越松，因此中低腰小脚牛仔裤应选择完全合腰包臀的，不用刻意选择大一圈的。
6. 低腰小脚牛仔裤较紧绷，不利血液循环，还容易将下腹部脂肪向上堆积，因此不建议常穿。

 时尚知识站

每个人的衣柜里一定有一条牛仔裤！

许多人都知道牛仔裤是Levi Strauss（李维·斯特劳斯）在19世纪发明的。原本靠卖帆布为生的他，发现美国旧金山的矿工十分需要质地坚韧的裤子以便于工作，他灵机一动，用帆布制作了一批裤子卖给当地矿工，结果大受欢迎。后来他对牛仔裤的材质进行了改良，加入耐磨棉布，让牛仔裤穿起来更舒适。

LEVI'S（李维斯）501算是牛仔裤的经典款，尤其是上面的铆钉设计。过去牛仔裤是工人阶级穿着的象征，然而受詹姆斯·迪恩等名人的影响，20世纪70年代后，牛仔裤已经成为世界潮流，其款式也从原来的方正直筒变化为喇叭裤，80年代又极端地变为萝卜裤，90年代后期，窄腿的小直筒、七分裤也开始出现。2000年之后，贴身的小脚牛仔裤风潮开始席卷全球。

老爷裤拯救
臀部、大腿肉肉女

21

　　很多女生的身材其实还算匀称，唯一的小问题就是臀部和大腿比较肉，穿上铅笔裤反而会凸显其腿部缺点，这时可以选择材质硬挺的老爷裤。其较宽的裤裆可以轻松隐藏臀部并修饰大腿根部，而膝盖以下渐窄的版型一样能让小腿看起来纤细修长。

宽松不贴身，掩盖身材缺点

　　可以选择九分裤长的老爷裤或将长裤裤脚反折露出脚踝，搭配可以露出脚背的高跟鞋，这样可以让身材看起来较修长。穿中低腰版型的老爷裤不需要系腰带，裤子可以直接卡在髋骨上。注意，穿好裤子后从侧面看，臀部下缘应该还是松松的感觉，不至于过度包臀，这样才会显瘦。

萝卜腿
靠裤型来修饰

22

粗   细

　　除了天生的体形，有些女生因为运动的关系，渐渐有了萝卜腿。而许多女生解决这个麻烦的方法就是靠穿长裙掩盖身材的不完美，总是认为漂亮的裤子和自己无缘。其实不然，只是要懂得其中的技巧，萝卜腿也能把裤子穿得漂亮。

时尚要领：

1. 尽量选择能盖住小腿最粗地方的九分裤，七分裤会比较危险，因为七分裤的裤脚通常刚好在小腿肚最胖的地方结束。
2. 通常裤脚结束的地方，就是视线停留的地方，所以让视线停在小腿最美、最细的地方才是聪明的做法。
3. 裤腿宽度须适中，太宽容易显胖，太窄容易挤肉或反卷。从膝下渐窄的剪裁较能显瘦，千万不要选择腿肚处紧绷的裤型。
4. 现在流行的老爷裤、哈伦裤、男孩风牛仔裤都是不错的选择。

短腿女孩
也能变成高挑美人

23

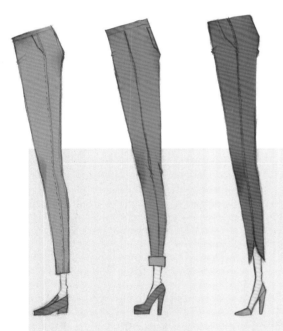

其实五五身比例的东方女孩很多，而要让腿看起来纤长，最快速的方法就是靠穿着搭配来修饰，利用上半身和双脚将腿部整体比例拉长。

露出纤纤脚踝绝对显瘦

首先一定要有一个观念：不管穿多长的裤子，露出脚踝是不变的法则，如果裤脚有开衩更可以拉长腿的比例。鞋子可以选择能露出脚背的高跟鞋，特别是有加高防水台的款式，这样也比较好行走。穿上与裤子同色系的上衣，你会发现在没有太大色差的情况下，腿部看起来也会比较修长。

简易穿搭
创造纤细美腿

24

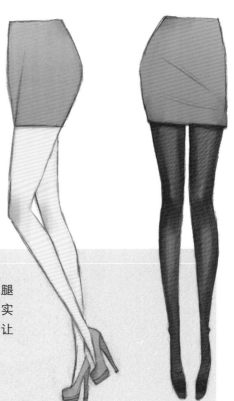

　　如果你总是穿运动鞋或是厚底鞋，当然与美腿绝缘。靠穿着创造出纤长美腿、凸显女性线条其实不难，例如：穿能露出脚背的高跟鞋，撑起脚背让它变成小腿的一部分就可以拉长小腿长度。

拉长腿部线条的要决

　　建议选择接近肤色或是深色的半透明丝袜，利用穿上丝袜后腿部两侧产生的阴影显瘦。如果不穿丝袜，或许可以试试有些好莱坞女星的做法：她们会在腿部涂上"助晒剂"，借由较深的肤色创造纤细的视觉效果。还可以穿上A字裙、高腰窄裙或高腰短裤，遮住大腿根部的同时将腰线拉高，创造下半身修长的效果。

矫正打底裤
错误穿搭

25

很多女生认为打底裤好搭配，会让自己看起来更瘦，事实上并非如此。打底裤堪称男性最看不懂的女性单品之一，许多男性认为它就像是内裤外穿，因此还是慎选打底裤的搭配方式吧！

最重要的是颜色的选择

一定要谨记的是，打底裤不是外裤，没有裤裆设计的打底裤并不适合将隐私的部位外露，所以请记得上衣一定要能遮住臀部。深色打底裤会因为贴腿的关系让腿形更明显，并不适合O形腿的女生；浅色打底裤会因膨胀效果让腿显得比较胖，不适合腿粗的女生。

具延展性、好搭配是打底裤的优点。建议选择剪裁与材质为铅笔裤式，但贴合度与打底裤相仿的瘦腿裤（legging pants），这种裤子既可以外露又可反折裤脚，还具备美腿效果。另外，打底裤最适合搭配的鞋绝非平底鞋，而是长靴。

五种裤长
成就五大风格

26

　　裤长、裤腿宽度对造型风格影响巨大，同一件上衣，只因为搭配的裤装长度不同，风格就会截然不同。想让单品变得实用性更强、更时髦，不妨试试用不同裤长的裤子与之搭配出不同的效果。

时尚要领：

1. 裤长到大腿根部、裤腿较宽的百慕大男孩风短裤：较中性，适合臀部较宽但腿部匀称的女生穿着。

2. 裤长到大腿根部、裤腿渐窄的短裤：利落有女人味，适合臀部挺翘、腿部匀称的女生穿着。

3. 裤长接近膝上、裤腿渐窄的五分裤：风格介于休闲与都会之间，适合小腿纤细的女生穿着。

4. 过膝的七分裤：半正式OL风格，适合没有萝卜腿的女生穿着。

5. 九分裤：最正式，可以修饰小腿肚、露出脚踝，适合多数女生穿着。

告别
O，X形腿的穿搭

27

东方女性由于天生或后天姿势不良的关系，纵使拥有好身材，也常常因为腿形不漂亮而烦恼。因此，仔细选择裤子款式是很有必要的。最重要的原则就是，要避免穿铅笔裤、印花打底裤等贴身、容易凸显腿形的裤子，这些只会暴露缺点。

穿上裤子后，用手抓起裤腿侧边，如果还有两三厘米的宽度，那么这样的裤型就可以让腿看起来较细，掩盖O形或X形腿的问题。还有，试穿时将双腿并拢，如果两只裤腿能漂亮地贴合在一起，那么腿形不好的问题就不会被发现了。

 佑群老师小叮咛

别让O，X形腿找上门

完全放松站立时，如果两个膝关节不能并拢，就是O形腿；而完全放松站立时，膝关节可以并拢，但是膝关节以下靠不拢，则是X形腿。除了遗传和走路姿势不良，外伤和车祸导致的后遗症可能也会引发不良腿形。想找回美丽，最好还是寻求专业医师进行矫正。

A字裙
让下半身零缺点

28

A字裙，顾名思义就是指形状像大写的字母A的裙子。下半身比较肉的女性，除了穿老爷裤修饰身形，不妨也试试A字裙，会收到意想不到的修饰效果。

将缺点转化为优点

可以选择深色收腰及膝的波浪褶裙摆A字裙，遮住臀部和大腿根部；上衣可选择亮色合身的款式并搭配饰品，营造上窄下宽的视觉效果，同时让视觉焦点移至上方；鞋子可以搭配有坡差的高跟鞋，拉长腿部，既俏丽又显瘦！

 时尚知识站

A字裙的由来

"A字裙"一词最早出现于1955年，是由Dior（迪奥）的创办人克里斯汀·迪奥(Christian Dior)所创的裙子种类。A字裙在二十世纪六七十年代盛行，之后沉寂了一段时间，直到90年代复古风潮再起，它才再度流行。

连身长裙搭配要领

29

　　穿起来舒服又时髦的连身长裙近几年大大流行，但是需要选对款式才不会显得矮小又臃肿。

上下身比例是关键

　　建议挑选裙摆呈长A字伞状的款式。上半身窄、裙身宽的裙型比较显瘦，并且能遮掩下半身的不完美。尽量选择高腰线的剪裁，上半身短下半身长的比例看起来更美；搭配一些饰品让视线向上转移到领口，可以让身材显得高挑。

　　身材本身就高挑的女性建议搭配平底凉鞋，营造度假风或民族风；娇小的女生可换上厚底楔形鞋。另外一定要注意，除非你很瘦，不然别穿夸张印花的长裙，否则会像穿着地毯上街。

认识拇指外翻

30

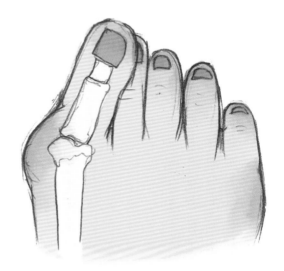

　　在挑选一双适合自己的好鞋之前，有选错鞋可能造成伤害的意识是更重要的。我看过太多女孩因为穿了错误的鞋子而伤害了自己的双脚，其中十分常见的一种现象就是"拇指外翻"。因此，我觉得让大家了解拇指外翻的定义与成因是有必要的。正常的大拇指会外偏10~15度，若超过20度就是拇指外翻。

别让脚受到难以弥补的伤害

　　拇指外翻的主要特征是大拇指偏向外侧，第一跖骨偏向内侧，且形成骨状突出物。造成拇指外翻的外在因素是：经常穿着狭窄、尖头又高跟的鞋子。造成拇指外翻的内在因素是：遗传因素、扁平足及足跟肌腱异常收缩等。

　　可以用简单的测量方法看看自己有没有拇指外翻：站立并把双脚合上，查看拇指是否向第二脚趾倾斜大于15度，若有即为拇指外翻。

选 鞋 的 十 大 注 意 事 项

31

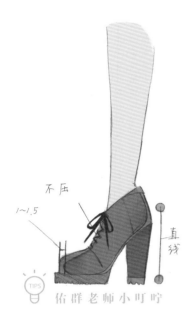

不压

1~1.5

直线

⚬TIPS 佑群老师小叮咛

网购如何挑选到好的女鞋?

1. 网络商品往往价格低廉,然而一分钱一分货,价格过低的鞋质量难以保证。

2. 选择鞋垫与鞋身用真皮制作的鞋,才能保持双脚透气舒适。

3. 即使漆皮也分真皮制作或一般PU合成皮制作的。请选择漆真皮,它们穿久了比较容易变软,舒适不刮脚,同时又保留毛孔透气度。

4. 选择知名度高、有信誉、退换货服务好的网络店家。

5. 商品页面上要清楚标示各种尺寸、质地、产地,同时有产品的正面、侧面、背面、鞋底、细节特色的清晰照片。

6. 舒适度与做工通常比时髦的外观设计更费工费时,成本也较高,因此选择舒适度与做工好的鞋不容易踩到"地雷"。

"一双好鞋可以带你走向美好的地方。"一天可能要穿八小时以上的鞋子,它要承受你身体所有的重量,所以挑选一双真正适合你的好鞋极其重要。经过长年的经验累积,我特别整理出了选鞋需要注意的十大事项,日后挑鞋时,记得按照这十点仔细确认吧!

选择要领:

1. 试穿时脚尖到鞋尖保留1~1.5厘米的空隙。
2. 鞋宽与脚宽相符。
3. 内侧、外侧、上方都不可以挤压到足弓。
4. 鞋跟不要过高或过细,否则会增加脚趾负荷。
5. 鞋跟要牢固且平贴地面,位置正好在脚跟正下方。
6. 鞋头太尖会压迫脚趾。
7. 脚尖与脚跟都不可超出鞋缘。
8. 鞋背符合脚形,系带牢固但不挤压。
9. 有些女性双脚容易水肿,早上脚会比较小,为了避免买到挤脚的鞋子,傍晚选鞋为佳。
10. 站着时双脚要承受身体的重量,此时脚会比坐着时宽且长,因此务必站着试穿鞋子。

如何选一双
舒适的鞋子

32

据统计，人一生会走上绕地球赤道三圈（约12万千米）以上的距离，因此选一双舒适好走的鞋是非常重要的。建议先了解自己的脚型与尺寸，再掌握一些选鞋的基本原则。

选择要领：

1. 前方鞋面应选用较柔软的皮革，具延展性的鞋比较不易磨脚或造成拇指外翻。

2. 足弓处或脚掌后方有柔软乳胶垫设计的款式较符合人体工学，也适合长时间行走。

3. 中低粗跟（1.5~3厘米）鞋比平底鞋更能分散足弓压力。

4. 鞋跟必须在脚后跟下方的正中央位置，穿这样的鞋走路才平稳舒适。

扁平足、高足弓挑鞋重点

33

要想知道自己是不是扁平足或高足弓，可以原地踏步二十次后，请友人从你身后观察：如果双足向外看得到小指及其他脚趾，表示重心向内，有扁平足倾向；反之，如果双足向内看得到大拇指及其他脚趾，表示重心向外，有高足弓倾向。要判断是否是扁平足或高足弓，看鞋子的磨损程度也可略知一二。拿起常穿的鞋子检查鞋底，如果鞋底整片外侧及后跟外侧磨损较多，表示足弓正常或者有高足弓问题；如果磨损都在内侧的话，表示有扁平足问题。

两种特殊足型需求不同

扁平足的人要尽量避免选购鞋垫软、有气垫的鞋，这类鞋对扁平足反而是一种负担，可能会让脚酸痛。建议有扁平足的人选择鞋垫较硬或是鞋底较薄的鞋款，也可购买专用的扁平足矫正鞋垫；有高足弓的人则尽量挑选有避震性能的鞋或鞋垫。

每个女人
都该有一双裸色鞋

34

有两种颜色的高跟鞋，女人一辈子至少应该各有一双，那就是黑色和裸色。尤其是裸色高跟鞋，它可以让你的腿看起来更长！

裸色鞋衬出好肤色

裸色鞋加上10厘米以上的鞋跟高度，能延伸腿部线条，使腿的长度在视觉上瞬间拉长。除了包脚的款式，小露脚趾的设计也是值得投资的单品。但是要注意一点：如果你的脚背肤色较蜡黄，请避免选择偏大地色或带浊色的裸色；选择看起来比较透亮或混着一点红色、偏白皙的裸色高跟鞋才能修饰肤色，否则整条腿都会显得脏兮兮且暗沉。

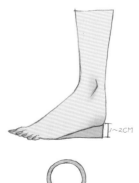

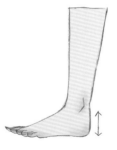

阿基里斯腱
拉紧

○　　　✗

稍有跟的鞋
更胜平底鞋

35

时尚知识站

高跟鞋知多少

虽然鞋跟过细、过高的高跟鞋会让膝关节承受过大压力，对脚造成伤害，虽然大家普遍认为穿平底鞋好走路，但我并不建议长时间穿平底鞋走路。

穿稍有跟的鞋子才好走路

长时间穿完全平底的鞋，可能会因为鞋子不符合行走时足弓的人体工程学，无法适度分散压力而造成脚酸。而穿略带高度的鞋会让脚因坡差被强制抬成拱形，避免脚形变硬，有助于让脚正确地放在地上。

但是请务必记住：10厘米以上的高跟鞋应尽量短时间穿着，尤其别穿着它做过度强烈的脚部动作，否则受伤的话就得不偿失了。鞋跟的位置刚好在足跟部的中间才能平均支撑身体重量，也符合足部的自然曲线。阿基里斯腱（脚踝肌腱）在完全平底的时候会被拉紧，因此穿平底鞋走路久了脚反而容易累或酸痛；如果穿上2厘米左右的低跟鞋，脚跟微微撑起反而可以使肌腱的压力减少。

高跟鞋指鞋跟较高的鞋，其实最初是男性的穿着。公元1500年时，为了骑马时双脚可以固定在马镫上，高跟鞋诞生了。17~18世纪，它在法国大大流行，成为贵族必需品，现在则成为女性的专属品。

鞋跟超过2.5英寸（6.35厘米）才能称为高跟鞋，低于1英寸（2.54厘米）的称为低跟鞋或平底鞋，介于两者中间者为中跟鞋。

现代鞋跟的变化颇多，包括细跟、酒杯跟、楔形跟、逗号跟等等。

20世纪60年代末至70年代初，低跟鞋较高跟鞋更受欢迎，而80年代末期，高跟鞋热潮再度来临，但是90年代末期时尚界又流行起低跟与平底鞋了。到了21世纪，锥形跟、细高跟、粗高跟等各种款式再度登场，时尚界迎来了高跟鞋的缤纷年代。

亚洲女性由于脚板比西方人略宽，挑选高跟鞋时须注意鞋面不能压迫到脚板与脚趾，甚至要避免穿尖头包鞋。而穿露趾的高跟凉鞋时，由于地心引力会让脚趾往前滑，因此脚趾与鞋子前端需保留1~1.5厘米的空隙，千万别让脚趾突出到鞋子外。

平底鞋并非越软越好

36

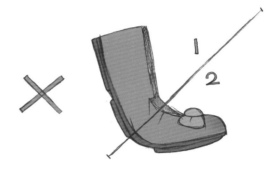

有些品牌在推出娃娃鞋或芭蕾舞鞋后，会刻意示范其鞋身可以轻易弯曲，以强调它的柔软性，表示它很舒适。其实鞋底并非越软越好，这是一个认知误区。

鞋子柔软的位置要正确

一定要注意，试鞋前请先朝地面下压弯曲你手中的平底鞋，测试弯曲点的位置。如果弯曲点在鞋底中间（1/2处），表示鞋子过软没有支撑点，长时间穿着它走路大拇趾骨反而会酸痛，这种鞋比较适合在室内穿。弯曲点在鞋底前方1/3处才是对的，因为脚后跟的足底筋膜走路时需要一定的支撑。

暗藏玄机的
脚后护跟和鞋垫

37

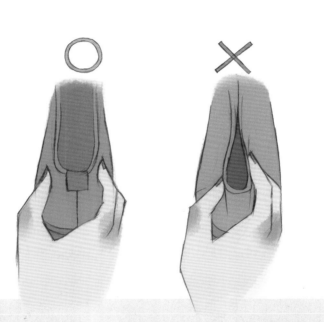

　　平底鞋或高跟鞋的正后方包覆脚后跟的地方，我们称它为"脚后护跟"。脚后护跟以及鞋垫材质的软硬度跟足部的舒适度，甚至萝卜腿的形成有关。

脚后护跟要硬，鞋垫要有弹性

　　想要挑选一双有良好的脚后护跟的鞋，可以用食指和拇指捏一捏鞋子的脚后护跟。如果能轻易捏凹陷表示材质太软了，脚后护跟缺乏支撑力，长时间穿着这样的鞋走路，小腿会因过度用力而酸痛，时间久了还会形成萝卜腿。相反，脚后护跟捏起来有一定硬度，表示其支撑力较好，长期穿这样的鞋对足部健康有益。我们每跨出一步就会有大约1.5倍的重量落在脚底，鞋底不够有弹性的话会造成膝关节、肩颈酸痛，因此鞋底的弹性与软垫的舒适度很重要。

OL通勤
好穿又好搭的鞋款

38

　　OL每天通勤穿的鞋，可能比假日穿的时尚高跟鞋穿着时间更长。通勤鞋既要让人看起来高挑，又要穿起来舒适，想要兼顾时尚和实用可以按以下要点选择：

选择要领：

1. 鞋垫为真皮的比较透气，有舒适泡棉软垫更佳。
2. 不能只看鞋号，每个人脚形不同，必须穿上试走，看是否磨脚。
3. 不擅长穿高跟鞋的女性，鞋跟的理想高度为3~5厘米。如果选择5~8厘米的粗跟鞋来通勤，走起路来既稳又会因坡差撑高脚背，腿看起来会更纤长。
4. 选择黑、白、灰、裸等中性色调最容易搭配职业装。
5. 如果你常穿黑色裤袜，可以选择黑色包鞋；不常穿裤袜却常穿裙子，需露出整个小腿的话，请选择裸色包鞋。因为鞋和腿色调相同在视觉上可拉长腿长，不至于因为色差而使腿被"截短"。
6. 在选择中性色调的前提下，略带当季设计感的拼接元素可以增添鞋的时尚感，不会显得过于呆板。
7. 要注意鞋身的面料是否容易保养。

夏日风情必备
——人字拖

39

夏天的时候，女生特别喜欢穿各种造型的人字拖或海滩凉鞋，看起来既随性又充满夏日风情。那么，如何选择人字拖才能避免看起来邋遢，还不会给足部过多的压力呢？

人字拖的选购细节

人字拖的人字系带上，常常有漂亮的水钻或令人印象深刻的时髦装饰，这些可以增加时髦度，同时人字系带的延伸感会让双脚看起来比较修长。而如果系带上有花朵等较大的装饰，则可以遮住较厚的脚背或是青筋血管，从而美化脚背。

但是穿人字拖要将脚指头夹在系带之间向前行走，因此对腿部负荷较大。建议不要长时间穿人字拖行走，避免"越拖越累"。选择人字拖时还要注意与脚指头接触的系带部位是否够柔软或包覆着软垫，没有的话建议购买市售的止滑软垫装上，避免脚指头因摩擦而受伤。

凉鞋印
是夏天的美丽克星

40

　　炎炎夏日，爱穿凉鞋出门的女生，回家后总会对着晒出凉鞋印的双脚懊悔不已，而要白回来还得花上好一番功夫。该如何预防脚上晒出印子呢？

脚背最需要防晒乳的保护

　　穿凉鞋之前，要先给双脚，尤其是脚背涂上防晒乳，这是很多女生都会忽略的小步骤。穿上凉鞋后，先在完全没有被遮盖的皮肤部位涂上隔离霜，然后再涂一遍防晒乳。最好选择大小适中、系带不会太紧的凉鞋，避免凉鞋过度紧勒皮肤。预防脚背晒黑的终极方法是撑着可以隔离紫外线的阳伞出门，让双脚也能得到遮蔽。

踝靴是秋冬的
最佳绿叶

41

好穿好脱又好搭配的踝靴，似乎已经成为这几年女孩子的必备行头了！踝靴指的就是可以露出脚踝的靴子，它的鞋面可以包住整个脚面，有圆头和尖头等多种款式。

利用踝靴拉长腿部线条

踝靴与长裤搭配时，最好选择同色系或相近色系的，视觉上才不会因为色差而显得腿短，还可让腿看起来更修长。此外，可以尝试用裸靴搭配迷你裙或小热裤，不要穿有色的裤袜，单穿踝靴就非常出色，吸睛度100%！

难掌握
却又时尚的尖头鞋

42

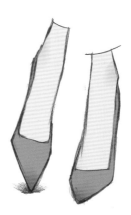

尖头高跟鞋这几年颇为流行，穿起来确实既性感又强悍，可谓是时尚单品的代表之一。然而，这毕竟是西方人的发明，东方人脚板较宽，穿上尖头高跟鞋，脚容易因挤压而疼痛或受伤，并不十分适合穿这类鞋。

尖头鞋的选购窍门

如果还是想尝试尖头鞋，不妨选择大半号的，让脚板有呼吸的空间、不被挤压。另外，相较于漆皮等硬式皮革，麂皮、绒面、较软的皮革更能缓解脚板受挤压的问题。但不管选择什么款式，都不宜长时间穿着尖头鞋行走。

尖头鞋适合搭配线条较利落、性感或帅气风格的服装。

即使穿平底鞋
也可以是长腿佳人

43

"我想穿平底鞋，该如何让腿显得修长呢？"这个矛盾的问题应该是多数女生的疑问吧！其实，这就像问"我不想穿外套，有什么方式可以保暖？"一样。所以，我们只能在可能的范围内，尽量根据几个原则穿搭平底鞋。

时尚要领：

1. 选择造型较为修长或尖头的款式，可以起到拉长双腿的效果。
2. 尽可能选择能露出脚背的浅口鞋，纵使脚背无法撑起，至少也可以借由腿到脚的延伸拉长线条。
3. 选择裸色系或与腿、脚背没有过大色差的鞋，例如穿黑色裤袜就选黑色或深色系的鞋。
4. 选择鞋口呈深V状或是有V字形立体装饰的款式，可以借线条拉长双腿。

及膝长靴
是萝卜腿的冬日救星

44

　　如果要搭配短裙、短裤，千万别选会盖住脚踝的短靴或是刚好卡在小腿肚的靴子，这样很容易使双腿看起来粗壮。

　　冬天如果还是想露出腿的线条，但是又有一双恼人的小腿肚，最简单的解决方法就是换上长靴，遮住身体上自己没自信的部位。建议穿上铅笔裤，将裤腿塞进长靴中，这样不但可以转移焦点，还可以提升时尚度。不过要记住，选择开口较宽、皮革较硬挺的靴子，显瘦美腿效果会更好！

TIPS 时尚更衣室

不同长度的靴子呈现不同的风格

　　记住，靴子的最高点就是视线集中的地方，因此，如果你是美腿女郎，那么恭喜你，无论是膝上长筒靴、及膝靴还是短靴都很适合你。腿短或腿粗、萝卜腿的女生，请避免选择最高点刚好落在腿肚或是及膝的靴子。

　　膝上长靴适合搭配迷你裙或热裤，会显得性感无比；及膝靴适合搭配A字裙，会显得乖巧优雅；短靴适合与铅笔裤搭配，会显得利落帅气。而所有的靴子都适合将小脚牛仔裤塞进去，不但能营造帅气个性的风格，还可以修饰小腿曲线。

饰品搭配的基本概念

45

请记住一句话：Less is more（少即是多）。如果你已经穿了一件无比华丽的洋装，那么饰品简单些就好。反过来，善于运用饰品的人，即使只穿白T恤、牛仔短裤出门，也会变成穿搭高手。一定要记得：服装越有设计感，饰品就可以越低调；反之，简约的服装适合搭配繁复而夸张的饰品。

饰品一定要华而不繁

项链与耳环集中在面部周围，如果两样都戴，选择其中一个当作重点就好。另外，集中在手部的手环、戒指也是相同的道理，请选择其一当作主角。

TIPS 时尚更衣室

饰品与整体风格

1. 金属质感的饰品适合搭配大多数的服装与中性风裤装。
2. 木质或编织风的饰品适合搭配度假风的裙装。
3. 珍珠饰品适合搭配优雅的套装或是斜纹软呢香奈儿风的小外套。
4. 塑料材质的亮色或荧光色手环适合搭配有青春气息的图案T恤及彩色牛仔裤。
5. 铆钉风或皮革类饰品比较适合搭配皮衣、牛仔裤。
6. 铁的原则是：顺着服装的风格去选择饰品，同时不同属性的饰品不宜互相搭配（例如用金属感项链搭配木质手环）。但是高手可以尝试逆向思考，进行"反差型"搭配。例如以硬挺帅气的骑士皮夹克内搭软质低领棉T恤，穿上牛仔裤与马靴，突然来串香奈儿风的优雅珍珠项链，叛逆加优雅，制造反差的结果会更时尚。

脸型与耳环

46

TIPS 时尚更衣室

耳环在整体造型上有画龙点睛的效果，也是凸显女人味的最佳饰品之一，但选择对的耳环才能真正为美丽加分。

时尚要领：

1. 方正型耳钉、垂坠型耳环、流苏耳挂可拉长面部线条，适合圆形脸蛋或长脖子的女生。
2. 圆形耳钉、珍珠耳环、大圆形耳环比较适合方形脸蛋或短脖子的女生。
3. 耳环还要与发型相配合，例如：在刘海的对侧戴上单只大型耳环，不但时尚也能营造视觉平衡感。

入手百搭饰品，穿衣更有型！

饰品种类繁多，当你预算有限，又不知道如何搭配时，先添购百搭型饰品是最聪明的选择。

1. 珍珠项链&耳环：当你出席朋友婚礼或正式场合时，营造优雅气质的珍珠饰品就派上用场了。如果担心老气的话，可选择珍珠、水钻与其他材质混搭设计的款式。
2. 长度到锁骨上方的细致金色项链：这种项链无论搭配高领、圆领、低领上衣或洋装，都不会有长度尴尬的问题，非常好搭，同时还能营造优雅感。金色的面积小，不但不会俗气，反而引人注目。
3. 金色、银色、黑色、白色的圆形细金属手环：当你不知道选择什么手环搭配服装才好，却又觉得双手过于干净而显得单调时，选择多重混搭细手环是最简单的方法。

六步打出
漂亮蝴蝶结

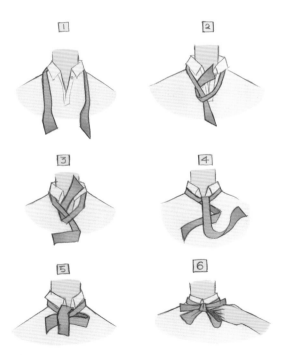

现在市面上售卖的蝴蝶结领结，大部分款式是打好后以缝制方式固定形状的款式，使用起来非常方便。但是你知道吗？其实传统领结是由一片布结成的。学一学，亲手为他打一个漂亮的蝴蝶结吧！

蝴蝶结打法：

1. 将布条一端拉至另一端下方大约4厘米处。
2. 将较长一端从中线位置拉起。
3. 以打领结位置为中心，用较短一端构成一个圈。
4. 将较长一端拉至该圈上方，形成一个圈。
5. 在前一个圈后推紧领结。
6. 最后调整好领结两端，让它漂亮地对称起来就完成了！

不显老气的
珍珠戴法

48

　　香奈儿女士曾说过："珍珠项链能增加面部光彩，有彩妆的效果。"
确实，保存性极高的珍珠，如果搭配得优雅，就不会显得老气，反而能让
人看起来更有气质。戴珍珠饰品的基本法则就是将珍珠混搭，可以将不同
大小与长度的珍珠项链搭配在一起，或将珍珠项链与其他类型的项链做多
层次配搭。

注意细节才不会显老

　　如果只有一条简单的长项链，可以在脖子上绕两圈，搭配典雅的套装
表现复古感，但请记得珍珠不要选太大的，否则看起来会过于成熟。珍珠
项链适合搭配有年轻感的服装，以降低成熟感，例如将珍珠链缠绕两三圈
作为手环，再搭配简单的T恤和牛仔裤就很吸睛。大家可以参考好莱坞女
星安妮·海瑟薇在《穿普拉达的女王》里的珍珠项链造型，那就是一个既
年轻又时髦的经典范例。

不同长度珍珠项链
的搭配方式

49

　　提到珍珠项链，许多人会联想到妈妈去喝喜酒时夸张又华丽的装扮，但其实，珍珠项链的长度决定了它的时尚度。它可以修饰身形，而且有许多巧妙的搭配。

搭配要领：

1. 衣领型（约30厘米）：重复戴三条绕颈珍珠项链，有维多利亚时代的奢华感，适合搭配平口低胸晚礼服。
2. 短项链（约41厘米）：最实用的长度，项链垂下来刚好落在一般圆形衣领的上方。短项链较典雅，适合各种造型，是许多女孩人生中第一款珍珠项链。
3. 公主型（约46厘米）：最经典的长度，项链挂在脖子上略长过一般衣领，呈现V字线条，适合大部分身形与造型。
4. 长项链（垂坠到胸部或更长）：可长短混搭，或绕两圈以上制造层次感。脖子短的女生利用长项链可让视线延伸，使脖子看起来较修长。

宽手镯的搭配要点

50

　　手镯、手环是女生饰品盒里绝对不能少的行头，在夏季更是能为造型加分的利器。然而宽版的手环戴不好的话容易显得老气，反而令造型减分，因此一定要掌握它的搭配法则。

时尚要领：

1. 将宽手镯与其他比较细的手环混搭。
2. 打扮过于正式拘谨时，可以加上宽手镯打造轻松感。这一方法比较适合无袖或短袖上衣。
3. 选择和服装同色系的宽手镯可以增添层次感，而选择和衣服呈对比色的宽手镯则可以营造冲突美感。
4. 宽手镯戴上去后一定要明显比手肘或手腕宽才有显瘦效果，否则会让人看起来更魁梧。
5. 入门者可选择最容易搭配的金属色系或大地色系宽手镯。

画龙点睛的
装饰性丝巾打法

51

90x90厘米的丝巾变化最多，功能性也最强，它可以成为你搭配上的得力助手，让原本平淡无奇的上衣立刻变得光彩十足。这里先传授比较简单又时尚的前挂式装饰性丝巾打法。

简单易上手的丝巾打法

选择一条自己喜欢的印花丝巾，最好是90x90厘米的。先将丝巾对折成三角，在其中一角打上单结。然后握起丝巾两端绕至颈后打结，将三角部分自然垂坠于前胸，原本的单结就形成了一种装饰。

结合戒指的
典雅丝巾打法

52

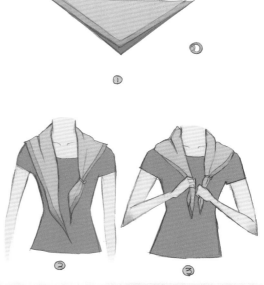

① ② ③

如何让看起来很朴素的白衬衫瞬间变得有型？我很喜欢运用丝巾做搭配。将你手上的戒指拿下来与丝巾搭配成漂亮领巾，立刻就可以让造型时髦起来！

进阶版丝巾打法

首先，要选择一条自己喜欢的印花丝巾（90x90厘米）。将丝巾对折成三角形，再将其一角塞入漂亮的戒指中，之后将丝巾披在肩上，两端自然垂在胸前，然后握起两端打一个结，漂亮的领巾就打好了。这款领巾非常适合搭配开襟的衬衫。另一种方法是，先将丝巾披在肩上，再将两端同时塞入较小的戒指中并固定。市面上也有打丝巾专用的戒环出售。

④

休闲感十足的
民族风丝巾打法

53

① ② ③

让丝巾成为搭配重点，就不用再担心衣服过于黯淡没特色，所以丝巾花色的选择会影响整体时尚度。

利落、帅气的丝巾打法

先准备一条120×120厘米的丝巾或轻薄材质的围巾，将它对折成大三角，然后握住两端绕至脖子后方交叉，再将两端绕到胸前自然垂坠即可。最后将领口部分的三角整理一下，营造垂坠立体的层次，打造既时髦又帅气的风格。这种方法也适合比较小的丝巾，可以打出略带西部牛仔风的小领巾。唯一的不同是，如果用小丝巾，最后两端要打一个结藏在三角部分之下才能固定。

围巾显瘦法

54

日剧中的女主角冬天时戴上围巾的样子是不是显得很时髦，又惹人怜爱？冬天出门不可或缺的围巾，其实也是显脸小的关键，但是个中技巧却被很多人忽略。

制造V字，塑造小脸

可以让围巾在身体两侧垂坠制造长方形来显瘦。围巾围在脖子下方时，要与下巴空开一段距离并制造V字区块，才能有显脸小的效果；如果围巾完全包住脖子，会使脖子线条消失，从而放大脸部轮廓，这点一定要注意。但是天冷时还是要以保暖为首要原则。

大围巾
的时尚法则

55

　　大围巾不只是冬天的必备单品，很多人以为围巾到了春夏之后就可以收进衣柜了，其实不一定！

夏天也可以使用大围巾

　　夏天可以选择大尺寸但是面料轻薄的围巾，以弥补大热天无法多层次混搭的遗憾，制造不造作的摩登味道；还可以考虑在冷气房将大围巾当作罩衫来御寒，发挥多种功能。尽量选择轻薄的丝或亚麻材质围巾，款式以能够轻易折叠收纳进随身包里的为佳。

选择太阳镜的六大原则

56

好莱坞明星常被"狗仔"的相机捕捉，从照片中可以发现，明星们私下穿搭的一个很重要的配件就是墨镜。然而，除了造型之外，太阳镜最重要的功能还是保护眼睛。千万不要因为爱美而忽略太阳镜原本的用途。

选择要领：

1. 检查抗UV功能。最好选择紫外线过滤率接近100%的镜片，可以看眼镜上是否有UV400的标签。
2. 戴着太阳镜照镜子，若从镜中看不清楚自己的眼睛，表示眼镜拥有较好的遮光率，同时也可检视镜片是否有色差问题。
3. 镜片越大，越能完整保护眼睛。
4. 太阳镜镜片颜色并非越深越好。选择不伤眼睛的灰色、棕色、墨绿色镜片最好。灰色镜片能均匀吸收各颜色波长，不容易有色差；黄色镜片可阻隔有害蓝光。不建议选择蓝色镜片，因为它易使有害蓝光通过镜片伤害眼睛。
5. 摸摸镜面是否光滑平整，并拿着眼镜对准门框等直线条上下移动，如果镜片里的直线扭曲则表示镜片材质不平整。
6. 戴上眼镜后检查一下左右镜架是否稳定，鼻垫是否能防止眼镜掉下来。

脸型与镜框

57

　　猫眼太阳镜、复古圆框太阳镜、装饰型无镜片眼镜等正在流行。然而，并非所有流行的眼镜都适合自己，最重要的还是要契合自己的脸型。

时尚要领：

1. 瓜子脸的人适合大多数框型，而镜框如果占了脸部1/3以上的面积，脸会因为对比看起来较小，这就是选择大镜框眼镜显脸小的原因。
2. 方形脸蛋的人请选择偏圆形的镜框，可以使面部线条变柔和，这几季流行的复古圆框刚好合适。
3. 圆形脸蛋的人请选择偏方正形的镜框，可以让面部看起来较尖较利落，例如两端上扬的猫眼镜框。
4. 东方人鼻子较扁塌，选镜时要注意鼻垫是否能固定住眼镜不下滑；反之，镜框下缘也不要压迫颧骨，否则摘下后会有痕迹。

棒球帽的
时尚戴法

58

　　这几季开始大大流行的棒球帽已经成为时髦穿着的重要角色。棒球帽不仅可以拯救原本扁塌的发型，让它瞬间有型，还可以营造休闲感。

棒球帽能塑造更多风格

　　女生可以选择较大甚至男生尺寸的棒球帽，将帽子浅浅地斜戴在头上，露出刘海，平视时可以微微看到帽舌底。帽舌不弯曲，保持原来的平整度才能显得时尚，否则会像运动员。帽子与刘海呈反向斜戴更俏皮；要是与裙装混搭，能降低过于甜腻的感觉，增添活泼的运动气息。

3/4罩杯内衣
最适合大众女性

贴身的内衣，能穿得舒服又能展现曼妙身材是最好不过的了。而3/4罩杯的内衣更是众多女性贴身衣物中最基本的款式。

3/4罩杯内衣适合多数女性

3/4罩杯的内衣适合大多数女性的体形，尤其适合胸部较小却想要表现美胸曲线的女性。这种内衣最能展现胸形与乳沟效果，其剪裁会让罩杯向中间呈一定倾斜角度，将乳房由下向上撑住，并且向内集中。因为它是市面上的基本款，所以可供选择的样式较多。

 时尚知识站

内衣的发明

据说19世纪的美国女孩玛丽·菲尔普斯·雅各是第一位得到胸罩专利及大批缝制内衣的人。在这之前，女孩们总是穿着闷热又不透气的紧身衣。一场宴会上，玛丽在热舞燥热之际将紧身衣脱去，并将餐巾随手打结在胸前遮蔽，宴会中的女性便纷纷效仿起来。后来，她利用自己的发明设计出产品，并取名为"胸罩"。此举不仅解放了女性的胸部，更解放了女性的思想。

透肤装的
内衣搭配要领

60

每到夏天，内衣透出就成为许多女性的烦恼。与其担心透出内衣不雅观，不妨学着将计就计，将内衣与外衣混搭。不过一定要记住，在视觉上，要让露出的内衣肩带或其他部位看起来"外衣化"。

内衣成为外衣的一部分是重点

穿浅色系或半透明的上衣时，要选择颜色贴近肤色的内衣，如嫩黄色、粉色、米白色、肤色等。若是可完全看出内衣的上衣，就必须特别注意内衣的材料质感，建议搭配同色系或同风格的内衣，例如黑色网纱外衣可搭配黑色简约款内衣，蕾丝外衣搭配同色系蕾丝内衣，这样看起来不会突兀。

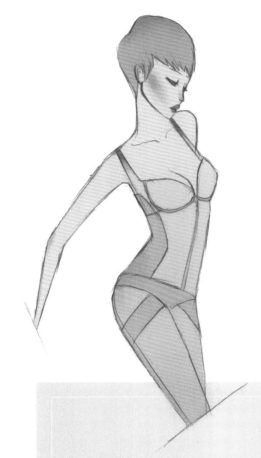

塑身衣
选择小诀窍

61

希望身材看起来纤细又曲线迷人，穿塑身衣也是一种选择。然而，塑身衣是借由材质与剪裁的加压修饰身形，因此除了需要慎选塑身衣，也要注意使用方式，否则会造成血液循环不良的问题。

时尚要领：

1. 塑身衣并非穿得越久或勒得越紧效果越好，建议一天穿着时间不要超过4小时。
2. 针对自己的身材问题（例如小腹有赘肉、大腿粗、胸部扁平、臀部下垂等）以及外在服装搭配选择塑身衣款式，例如连体塑身衣、高腰塑身裤、塑身裙等。
3. 并非年轻或身材姣好就没有穿塑身衣的必要，产后想迅速恢复身材或25岁之后的女性都可以尝试。
4. 穿塑身衣不等于减肥，它只是通过束缚感控制食欲及雕塑身形，想要减肥，健康饮食、运动及保持良好作息必须同步进行。
5. 针对不同体形，塑身衣尺码分得越细越好，甚至可以量身定做。
6. 可选择纤维内含凉感咖啡纱等材质的塑身衣，避免闷热。

小胸女生穿比基尼
也可以很有料

62

比基尼泳装已经是一种女生在夏季展现身材与时尚的单品了。小胸的女生若能选择正确的比基尼款式，能使罩杯在视觉上立刻升级，让自己的身材看起来更丰满诱人。

时尚要领：

1. 选择视觉上能产生膨胀感的颜色，例如荧光桃红、亮黄色、白色。
2. 选择视觉上能产生膨胀感的印花，例如横条纹、圆点、亮色的印花。
3. 选择比基尼上有荷叶边装饰、内部加衬、高斜边可集中托高的款式。
4. 选择绕颈式粗绑带设计款。这种款式的比基尼比较容易营造丰满身形，改善三角轮廓，而两侧细肩带款容易让胸部看起来更小。

丰满女生
穿比基尼的注意事项

63

如果你身材匀称姣好，上围丰满，胸部比较大，是极具穿比基尼的优势的，穿得好就会是海边或泳池旁的焦点。

极具优势的身材适合任何颜色

丰满的女生穿任何颜色的比基尼都很合适，如果选择深色款，则可以在保留丰满上围之余，利用收缩色修饰线条以显瘦。肩带建议选择比较宽的双肩带，避免选过细的肩带，细肩带的支撑力不够，可能会影响胸型或让胸部看起来过大。

一定要避免选择上围有膨胀感的设计，例如荷叶边、圆点、亮色印花等。要注意胸部侧边是否可以包覆完整，或选择高斜边款，避免产生副乳。

肉肉女生
可以靠比基尼修饰身形

64

身材比例明明不差，也很喜欢穿比基尼，但就是担心腹部赘肉与臀部过大的问题。相信有这样烦恼的女生一定不少，其实这些问题有一些基本的改善方法。

饰垢掩疵才是凸显身材的关键

有小肚子的女生，尽量选择可遮挡肚子的上围款，例如上围下摆有宽松的荷叶边或腰腹部有薄纱底摆的设计；下身可以选择较高腰的泳裤，可遮挡下腹部。臀部较大的女生可以选择裙装设计款或装饰性印花款修饰髋骨，还可以混淆视觉，弱化臀部线条。

娇 小 女 生
选 对 比 基 尼 展 现 女 人 味

65

我一再强调一个观点：穿衣服好看的关键在于比例而非绝对的身高。只要款式选对了，娇小的女生穿上比基尼也会像女神一样成为众人中的焦点。

提升性感度，打造曲线

切记，避免选择过于幼稚的款式，例如粉红色荷叶裙等，可选择比较有成熟味道的颜色与印花，或是利用荧光色系产生膨胀感让身材整体看起来比较高挑。建议选择肩带较细的性感设计款，还可在颈部加些异国风的木质项链等饰品，让视线向上集中，拉高比例。

穿出荧光色的
时尚感

66

　　荧光色服装总是让人又爱又恨，穿错了容易看起来俗气或臃肿。其实，搭配得当时，荧光色单品可以让你看起来年轻又时髦，还可以让肤色显得健康。

荧光又贴身，小心暴露身材缺点

　　皮肤黝黑的女生可运用亮黄色、桃红色让肤色看起来健康。尽量选择不贴身剪裁的荧光色单品，例如A字裙、宽版T恤，在荧光色膨胀效果的衬托之下，身体看起来反而更纤瘦。除非你很纤瘦，否则别穿荧光色合身单品，例如紧身裤，不然会变成演唱会的荧光棒。搭配荧光色服装时，如果担心因撞色而变成"霓虹灯"，建议将其与黑色、白色单品搭配，这样最不容易出错。

各种肤色适合的
荧光色服装

荧光色并不能显白，但却可以让肤色看起来健康。即便是同属黄皮肤的亚洲女生，皮肤"黄"的感觉不同，适合的荧光色服装也不同。

亚洲人的肤色也适合荧光色

带有小麦色感觉的黄皮肤，基本上适合各种荧光色，但更适合荧光黄、杧果黄、柠檬荧光绿色，这些颜色会使肌肤看起来更健康；皮肤比较蜡黄的女生，建议选择红色系或白色系的荧光色，例如桃红色或荧光粉，并适度搭配黑色单品，这样会让皮肤看起来更健康，不至于黯淡无光。

想要肤色显得白
就要穿黑色

68

很多人以为穿上白色衣服就可以提亮肤色，这个观念大错特错！事实上，白色衣服只会显得你的肤色更黑罢了！原因很简单：世界上没有比白色更白的颜色；世界上也没有比黑色更黑的颜色。

利用对比显白

做个简单的实验：剪两小块同样的灰色纸片，分别放在黑色和白色纸上，你会惊讶地发现，放在黑色纸上的灰色纸片看起来比较白，这就叫作"视觉补正"。所以，想要迅速"美白"皮肤，请穿上黑色服装。穿上黑色后，肤色会因为对比而看起来比较白。

大地色系
要小心穿搭

69

东方人是黄皮肤，并不像白种人那么适合穿大地色系的服装，因为它容易使黄皮肤看起来蜡黄，显得没有精神，可以说是搭配中的"地雷色"。但是很多女生又特别喜欢穿大地色系的衣服，她们普遍有"大地色系比较好搭配"的误解。

避免过深的大地色

如果依旧喜欢穿大地色的衣服，就要避免选择带有过多黑、黄、绿色素的大地色，如橄榄绿、深咖啡、酒红色、土黄色等；选择略带白或红色素的大地色，如奶茶色、浅驼色、拿铁色、裸粉色，能让肤色看起来健康红润些，不至于过度蜡黄。

利用膨胀色
聪明显瘦

70

  我说穿上"膨胀色"服装会使你看起来更瘦，很多人听了都一头雾水。黑色、深蓝、深紫等收缩色服装会让人看起来更瘦，这个观点大家都知道，但膨胀色如何显瘦？关键在于剪裁。

膨胀色服装千万别贴身

  顺着身形剪裁的合身单品，选择深色的才会显瘦，例如铅笔裤、打底裤、合身T恤。不贴身、轮廓完整的单品，选择白色、浅色等膨胀色，反而可以通过对比，让身体看起来较瘦，例如蓬蓬裙、A字裙、长围巾、浅色高跟鞋等等。

粉嫩色
搭配要领

71

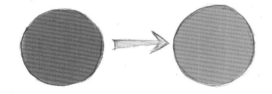

冰沙色、马卡龙色、冰激凌色，大家常听到的这些名词其实都是属于同一种类型。

轻快的非饱和色带出年轻氛围

这些色系都是在原本饱和色的基础上添加了白色，让明度维持、彩度下降，制造出一种甜美甚至带有一点点荧光的感觉，例如杧果牛奶色、草莓慕斯色、薄荷绿色、柠檬黄色、柠檬绿色等。冰激凌色比较适合与白色混搭，也可以互相搭配。这些流行色要尽量避免和饱和色、正色或是黑色搭配，否则会使穿着风格紊乱。

办公室的
小心机穿着

72

如果你身在一个文化保守、对穿着有诸多限制的公司，不要担心，还是有一些搭配的小技巧可以让你穿得就是比别人好看的。

在仅有的资源中同中求异

可以选择能够露出锁骨的上衣，另外小臂、手腕、脚背等身体纤细处也尽可能露出来，这些细节既能显瘦，又能让你看起来性感、时尚、有精神。如果对自己的身材有自信，可以多穿能凸显S曲线的单品，例如漂亮的花苞裙或窄裙，搭配合身利落的白衬衫或U领上衣。

有一点必须注意，在职场切勿穿着低胸上衣、超短裙等过度裸露的单品。请记住：质感与专业感优先，才是办公室的生存之道！

OL兼顾场合
与流行的秘诀

73

上班族因为公司的保守规定，通常不太可能穿着过短的裤装、迷你裙上班，但是想要兼顾流行，还是可以发挥一些小心机，展现让主管们无法挑剔、同事们又羡慕的品位。

将流行元素藏在细节中

在流行的T恤外面罩一件时髦的深色修身七分袖西装外套，可以应付各种正式、半正式场合，下班后脱下外套又变得俏丽年轻。下身就穿九分裤吧！能露出脚踝的九分裤总是比一般长裤看起来时髦年轻。

鞋子可以选择鞋跟有设计感，但鞋身是简约的裸色或黑色的包鞋。"魔鬼藏在细节里"，主管看到正面是优雅简约的包鞋就不会有意见了，殊不知鞋跟可能加了漂亮的水钻设计或是特殊材质拼接。

女孩子的
招桃花穿搭术

74

如果想从穿着上呈现女人味，又想提升异性缘，那么请记住一个名词——异质性。所谓异质性就是指异性不会拥有的元素。日本大学的研究发现，男性更容易注意到身着异质性风格服装的女性，在他们眼中，这样的女性更有吸引力。

裸露必须适可而止

可以选择在男性身上不会出现的颜色（如桃红色、粉红色）、质料（如雪纺、蕾丝）、剪裁（如镂空）以及单品（如裙装、洋装、高跟鞋）。有飘逸感、律动感的服装与饰品，摆动时能够展现女人味，例如垂坠式耳环、飘逸的裙装等。

请注意遵守有质感的性感原则，过度性感只会招来目的不纯的烂桃花。可以选择在肩膀、手臂等部位有透视感的布料，或是能够凸显曲线的服装，例如公主风洋装；不要选择过于贴身火辣的服装，例如绷带装，而且要避免过度裸露乳沟、背部，避免穿过短的裙子或裤子，否则即便有桃花，也可能是烂桃花。

运动风
时尚搭配技巧

75

近几年夏天，融合运动风元素的单品特别流行，包括棒球帽、运动型棉质坦克背心及宽松的篮球裤等。

对比元素可以同时呈现

呈现时尚运动风的技巧是：与运动风单品搭配的其他单品以"对比"性格的风格呈现。例如，棒球帽搭配背心后，下身可搭配性感的短裙、高跟鞋等提升时尚感，这样就不会不小心变成好像要去跑马拉松或是上瑜伽课了。

第3章
About Beauty
时尚保养技巧

美国演员詹姆斯·迪恩(James Dean)只活了24岁，却在20世纪50年代成为风靡大众的时代偶像。他让白色T恤与牛仔裤成了时尚，他让自己常戴的阿恩尔框眼镜成了永恒经典，于是我仿照他的风格向我的偶像致敬。如果你能将自己的面容与肤质都打理得宜，那么即便是如同詹姆斯·迪恩那么简单的打扮，也会令人赞叹。来好好学习保养方法吧！

时尚总监 & 造型师 李佑群(Yougun)
摄影:苏益良(Liang Su)
化妆:李筱雯(Wen Lee)
发型:Mai
助理:李伊雯 吴芳彦 Karen
摄像:Jacky

詹姆斯·迪恩造型

　　詹姆斯·迪恩最有名的穿着风格就是最简单的圆领白色T恤搭配直筒牛仔裤，有时他还会戴上眼镜阅读、沉思，或是叼着烟把玩相机。这样的风格几乎定义了男人的基本穿着。

造型清单

－agnes b（艾格尼丝·碧）深褐色衬衫

－ZARA（飒拉）白色T恤

－Plain-me古董二手美国皮衣、咖啡色皮带

－TVR（特威尔）阿思尔框复古前挂式眼镜

－FIND破损刷色牛仔裤、黑色皮革短靴

－Yves Saint Laurent（圣罗兰）Y字皮革手环

－Pet Shops Girl（宠物买女孩）法国斗牛犬戒指

－Boycott（日本品牌）英国斗牛犬戒指

美白化妆水
是黑皮肤的救星

01

　　"一白遮三丑"是从古至今许多女生遵从的不变法则，但想要美白，可不是只在外出前抹抹防晒乳就可以的！

日常的保养也很重要

　　要美白，平日就要使用美白化妆水，可以选择含草本植物萃取液的保湿化妆水，肌肤不缺水才不会分泌过多的油脂。王二酸、鞣花酸、传明酸、熊果素等植物精华或维生素C衍生物及氨基酸等成分，能抑制及淡化黑色素。另外，维生素E衍生物可以防止肌肤粗糙干燥。

拥有白皙肤质
的基本功

02

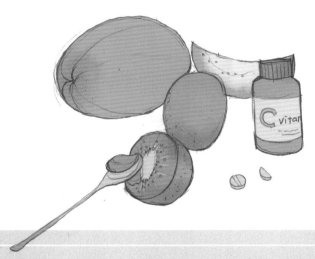

拥有白皙亮丽的肌肤是大多数女生的梦想。除了防晒外，从基础护理、饮食到生活方式，做好全方位的管理才能让肌肤持续美白。

内外搭配提高美白功效

美白之前要先做好保湿，提高肌肤含水量，这样美白成分才不容易刺激皮肤，否则会得不偿失噢！如果只是使劲儿地做美白工作，但白天没做好防晒也是无效的！一定要选择能同时抵抗UVA和UVB的防晒产品，并且定时、定量补涂。要视肌肤状况挑选合适的美白产品，特别是面部与眼部肌理不同，要避免用于面部的产品刺激眼周肌肤。

除了外部的保养，饮食也是美白的重点，富含维生素C和维生素E的食物可以适度多摄取一些。

保湿产品
让肌肤散发光泽

03

　　肌肤最重要的元素就是"水"。如果肌肤的保湿工作做好了，细纹、毛孔、暗沉等问题都不会产生。

锁住肌肤的水分

　　正常皮肤角质层含水量为20%~35%，若其水分含量低于10%，肌肤就会呈现干荒的状态，从而变得粗糙、柔软度下降、干燥紧绷甚至无光泽，更严重的会有脱皮、干裂的情况。所以使用保湿产品就是为了留住肌肤的水分，令肌肤健康又有光泽。

拥有水嫩肌，
掩藏实际年龄

04

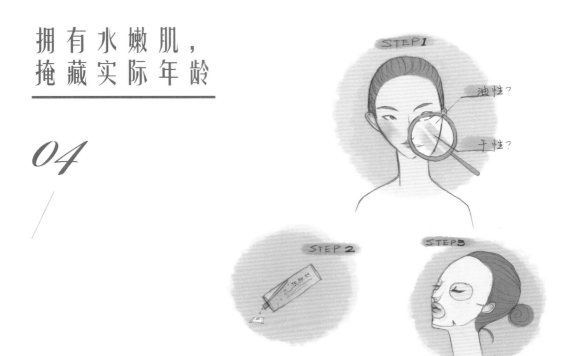

肌肤状态决定外观的年龄。拥有年轻女生一般的充满弹力蛋白的水嫩肌肤，肌肤看起来紧致，就会让人猜不出你的年龄。所以彻底改善肌肤状况，恢复儿时的水嫩，是基本中的基本。

美肤要领：

1. 肌肤的健康是最重要的，第一步应先调理好肌肤状态，了解自己属于哪种肤质。如果是敏感肌或有肌肤太过干燥的问题，应先请教医生，进行妥善治疗。
2. 保湿工作应全年无休，并且尽量简化程序。建议使用保湿型的化妆水、精华液和乳液。基础保养不可马虎，它就和刷牙、洗澡一样重要，必须"内化"成一定程序。
3. 在肌肤健康的情况下，可适当增加敷保湿面膜的次数，一般来说一周1~2次即可。在功效比较显著的面膜保养的帮助下，肌肤状态应该可以逐步改善，拥有水嫩肌指日可待。

早晨的面部保养
勿拘泥于保湿

　　早晨醒来，面部肌肤的美容重点在于让肌肤苏醒，所以不要给面部过多的负担。

过度保湿可能让皮肤不透气

　　早上只用洗面奶清洁肌肤即可。尽量让化妆品服贴在面部肌肤上，并且让肌肤保持良好通风状态。由于整天活动可能会出汗，因此要避免过度保湿导致肌肤黏腻。

睡前10分钟保养

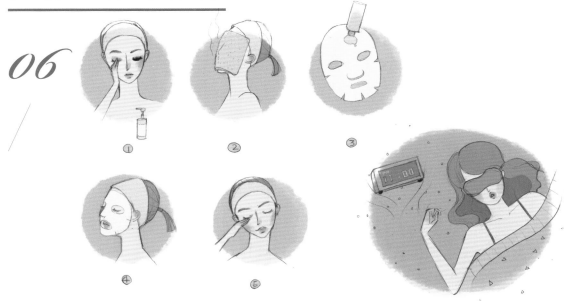

06

① ② ③ ④ ⑤

记得，夜间美容的重点在于清洁与软化肌肤，促使美容成分深入肌肤底层。肌肤在化妆品、阳光、脏空气中忍耐了一天，睡前保养是一天护肤的关键！洗完澡后，在睡觉前花个10分钟左右保养肌肤，隔天起来你会发现肤况有所改善。

肌肤的新陈代谢在晚上10点到凌晨2点最为活跃，同时夜间也是肌肤自由基最活跃的时候，所以一天24小时当中，最适合做保养的时间就是晚上。睡前做好清洁、保湿、护理三步，夜间的新陈代谢将成为肌肤重获光彩的秘密武器！

美肤要领：

1. 卸妆按摩。
2. 利用热毛巾进行蒸气洁颜。
3. 敷上用化妆水浸湿的面膜纸，使化妆水渗透肌肤。
4. 将具软化肌肤功能的乳液涂满全脸，再加上化妆水，重复三次。
5. 从眼周和唇周开始，将乳液和精华液涂抹于全脸。

蒸气洁颜小技巧

07

　　夜间保养，彻底清洁肌肤是一切护理的根本。建议大家在用洗面奶洗完脸之后，再利用温热的毛巾深层洁颜。

美肤要领：

1. 将毛巾用温热的水浸湿后拧干，放入拉链式保温袋，再放进微波炉热一分钟。
2. 取出毛巾，用它温热全脸（注意温度不可过高，避免烫伤），借此软化毛孔，引导出残留于毛孔根部的脏污，促进血液及淋巴液的循环代谢。
3. 待毛巾变冷后，拿掉毛巾，用温水洗去残留在脸上的洗面奶，尤其是鼻翼、发际周围。

睡前的面部保湿

08

　　维持肌肤年轻光彩的秘密就是保湿。睡前做好保湿，通过提升肌肤的含水量可以使其保持紧致。

让肌肤在夜间完成修护

　　睡前务必先彻底清洁面部，之后在脸上和颈部喷上含矿物质的爽肤水。它具有滋润作用，如果皮肤很干燥，可以反复喷几次。喷完爽肤水之后，可以直接使用晚霜，也可以先用精华液再用晚霜，以确保皮肤能在夜间完成修复。通常晚霜较营养、功能性强，而日霜防晒、锁水性佳，因此不建议将日霜当晚霜使用。

化妆水的
正确使用步骤

09

STEP 1

焐热

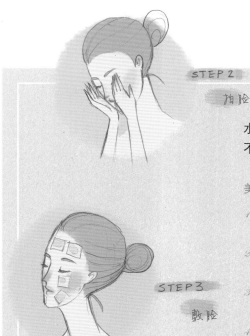

STEP 2

拍脸

STEP 3

敷脸

我们每天清洁完面部都要使用化妆水，可别小看它的功能，它可是夜间保养不可或缺的一步呢！

美肤要领：

1. 将双掌搓热，然后把化妆水倒在手上，轻轻按压肌肤，帮助化妆水吸收。

2. 轻轻拍打肌肤，让微血管畅通，促进血液循环，增加肌肤的明亮感。

3. 将化妆棉撕成薄薄的数片，蘸湿后作为面膜敷全脸。

4. 使用具镇静收敛效果的化妆水打湿化妆棉，敷在痘痘上，可以帮助消炎。（但并非所有化妆水都适合，须注意成分。）

秋季保湿注意事项

10

　　秋季气温变化大，皮肤代谢容易出现异常。皮肤在锁水功能降低时会变得干燥、敏感，所以一定要做好补水保湿工作。

尽快补水避免肤质干燥

　　洗完脸应立即涂抹化妆水，并在15分钟内完成护肤程序。保湿产品的使用量要足够，太少会无法发挥效果。可以适当去角质，但不要频繁地去除，两周一次即可，太频繁会伤害肌肤。另外，选用添加油脂的乳液或乳霜是入秋之后的好选择。

冬季敷面膜
需格外小心

11

面膜对改善肌肤状况有显著的功效，但并非用得越多越好，尤其是冬天，肌肤容易缺水甚至过敏，使用面膜要比夏天更注意。

面膜不是敷得越久越好

市面上的凝结性面膜清洁力强，虽然较适合油性肌肤，但不建议使用时间超过一周；一般的无纺布面膜请选择无香料成分的，一次敷10~15分钟即可。很多人喜欢边敷面膜边泡澡，请尽量避免这样做，因为面部汗水无法排出可能造成汗疹。敷完面膜后记得要做保湿工作，否则更容易出现细纹。

夏季一定要认识的
防晒系数

12

每到夏天，我们都要买防晒乳。所有化妆品中，防晒乳是目前唯一具有定量化保证的产品，这个量化的参数就是SPF(sun protection factor)，一般称为防晒系数。那么，你了解SPF的真正意义吗？

防晒系数越高越有防晒效果

SPF是指在涂抹防晒乳后，光源照射下的皮肤产生发红现象所需的时间，与不擦防晒乳时皮肤晒红所需时间的比值。举例来说，如果不擦防晒乳皮肤晒20分钟会发红，在涂抹SPF为6的防晒乳后，皮肤晒2小时（120分钟）才会发红，也就是20×6＝120。防晒乳通过吸收、反射或折射，减少紫外线进入皮肤，其原理类似过滤紫外线。

夏季可以取代
保养品的凝冻产品

13

　　夏季的基础护理可以用凝冻取代乳霜，这样做既能给肌肤比较清透的保湿感，也不会有黏腻不舒爽的感觉。

美肤要领：

1. 拿凝冻来急救熬夜后的肌肤。取凝冻厚敷可以立即为肌肤补充大量水分，加速代谢循环。
2. 用凝冻做妆前打底。以1：2的比例将凝冻与粉底混合使用，妆感能更自然持久。
3. 补妆前以指腹蘸取适量凝冻涂于面部，补妆后的妆容会更薄透均匀。
4. 将凝冻冷藏后取出厚敷，能舒缓晒后肌肤的不适，还能有效补水噢！

别让敏感肌找上你

14

　　有些人的敏感肌是后天的，尤其是外在环境变化多端，敏感肌肤也越来越多。那么，敏感肌该怎么保养呢？

避免使用酒精类护肤品

　　卸妆一定要温和，如果卸除过多肌肤本身的油分，反而会造成伤害。可以用不含酒精的保湿化妆水湿敷两颊与额头，达到镇定与安抚肌肤的效果。足量使用保湿类产品，才能帮助肌肤补充水分，保湿后再擦上滋润乳液或乳霜，更能长效锁住水分！

杜 绝 粉 刺
破 坏 美 丽 脸 庞

15

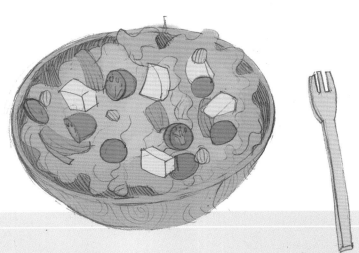

　　粉刺虽然细小，但是累积时间一长，也会变成难以清除的暗沉。粉刺通常会长在下巴、鼻头或额头等油脂分泌旺盛的地方，如果忍不住去挤它，还有可能留下无法抹去的疤痕。

生活习惯比外在保养更重要

　　一定要做好防晒，避免长时间接受紫外线照射，以免毛囊因异常角化而堵塞。卸妆时手势要轻柔，不要给肌肤过多刺激与伤害。平时要正确舒解压力，以免雄性激素增加，导致皮脂分泌过多并堆积。生活习惯要调整好，避免熬夜，也需要注意饮食习惯，多摄取膳食纤维加快肌肤新陈代谢，并且避免摄取过多的油炸类食物。

打造不易长痘痘的肌肤

16

NG！

　　很多人因为肤质的关系，即使过了青春期还是会有痘痘不断冒出。虽然这样的问题难以立即解决，但还是可以靠下列方式改善。

美肤要领：

1. 护肤时搭配抗痘专用的护肤品，集中修护已生成的痘痘。
2. 多摄取富含B族维生素或维生素C、维生素E的食物。
3. 选择能平衡肌肤pH值的护肤品来调整肌肤状态。
4. 慎选面部护肤品，有时候太过营养的成分反而会刺激痘痘形成。
5. 避免过剩的皮脂破坏妆容，建议用天然麻材质的吸油面纸来维持面部清爽。

合理保养
赶走黑眼圈

　　黑眼圈的成因分为天生和后天两大类。如果黑眼圈已经形成，除了开始做眼周的保养工作之外，上妆方面也要注意。

赶走眼周问题

　　保养和上妆时动作要轻柔，上妆的刷具要选刷毛材质较细致的，尽可能减少对眼部皮肤的伤害。平时做好眼部防晒，白天涂抹具防晒系数的眼霜。此外，帽子和眼镜也是防晒的好帮手。

　　夜间可以涂上针对自己眼周问题的眼霜，而且要有保质保量的睡眠习惯。另外，如果是过敏性鼻炎引起的黑眼圈，在早上起床时，可以用手捏住鼻子，用嘴巴吹出热气来使鼻道循环顺畅。

用双手
对抗黑眼圈

18

① ② ③ ④

血管型黑眼圈产生的原因是：眼周皮肤较薄，当眼周静脉血液循环不良时，肤色就会变得暗沉。下面的按摩方法有助于减轻这类黑眼圈。

美肤要领：

1. 用无名指轻轻地按压眼头、眼底和眼尾部位。
2. 闭眼，用拇指轻按眉心位置，这个动作有助于消除眼部疲劳。
3. 用无名指以打圈方式轻按眼窝。
4. 最后在眉尾位置轻压3秒，这个动作有助排水消肿。

眼霜
去除眼周暗沉

19

　　工作忙碌经常睡眠不足的人，眼周有黑眼圈是常有的事，有时候即使再怎么遮瑕都难以完全掩盖。我认为重要的还是从根本上改善眼周肌肤老化与暗沉问题。眼睛明亮了，即使不上妆，整个人也会很有精神。

呵护脆弱的眼周肌肤

　　针对眼周的问题，可选择有抗皱、预防眼袋松弛或眼皮下垂功能的修护型眼霜，或是选择能补充弹力蛋白纤维的眼霜。因为弹力蛋白纤维约占肌肤组织的5％，如果能紧紧束起胶原蛋白与水分，眼周肌肤就能紧实。

　　特别提醒大家，许多人以为面霜可以代替眼霜，但是因为眼周角质层薄，不宜负担过多养分，所以我不太建议这个方法。

抗老化产品的
使用时机

20

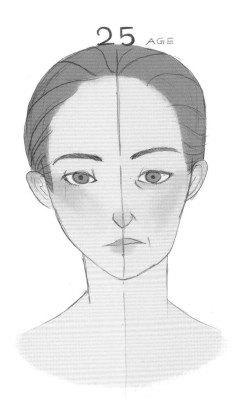

其实，并非要等到进入中年才开始抗老保养，肌肤在25岁时就已经开始老化。青年女性可以先做准备，轻熟女则要开始进行抗老作战了。

年龄增长不可怕，抗老做好就不怕！

随着年龄的增长，肌肤会出现水分含量、弹力纤维及胶原蛋白减少，新陈代谢速率减缓等内部变化。这些改变会造成肌肤干燥缺水，支撑力不足，老废角质开始堆积等肌肤老化情况出现。建议从25岁开始就在保养的步骤中增加1~2项抗衰老产品，做好抗衰老的准备。

出现假性老化时
要警觉

21

有人说，常笑的人容易有皱纹。大笑时脸上会出现表情纹或干纹，但经过充分保湿或休息后，皱纹就会消失，这就是假性老化。但总不能因为这样就不笑吧？保持健康愉悦的心情也是年轻之道。

假性老化就是真正老化的征兆

假性老化的出现代表肌肤已经进入老化过程，在真正老化的现象来临之前，使用具有防护与恢复双重功效的拉提霜，恢复原有肌肤弹性，可以预防老化。

预防法令纹的妙招

22

　　法令纹是从鼻翼延伸到嘴角的细纹，它会随着年龄的增长而变得越来越明显。市面上有专除法令纹的护肤品，可以帮助人们恢复年轻光彩，但是其实日常生活中就有预防法令纹的妙招。

美肤要领：

1. 像漱口一样把脸颊鼓起，让舌头在口中移动，舌尖触碰到两颊内侧。
2. 利用舌尖按摩嘴唇内侧的穴位，从上侧开始转向右方，再到左方，最后到下方，连续做三次以上。
3. 嘴角向上做微笑的表情，按压颧骨至产生酸酸的感觉，这个动作有助于减缓纹路。

别 让 颈 纹
泄 露 你 的 年 龄

23

许多人每天不断在脸上涂抹一堆护肤品，却忽略了颈部保养的重要性。颈部纹路也会透露年龄，好好保养自己的脖子吧！

再当低头族就要变老啦！

早晚涂抹乳液并注重保湿，白天记得擦防晒；有空时多多按摩"天窗穴"（下颚骨角的下方，脖子两旁大筋的内侧）；不要再当低头族，每隔一小时将头慢慢后仰，使颈部有拉紧的感觉，可以促进颈部血液循环。

注意选择睡觉用的寝具，尤其是枕头，要让颈部能够充分放松，避免压出颈纹。另外一个很容易被忽略的会制造颈纹的关键是香水。香水有很强的挥发性，洒在颈部的香水挥发时也会把水分带走，导致皮肤越发干燥。

仔细养护头皮，
秀发自然找上你

24

现代人过度进行头发造型、使用各种美发品和发胶给头皮带来了极大的负担，有时候整天戴着帽子也可能伤害头皮。

谨慎选择和使用洗发水

建议使用适合当下头皮情况的洗发水。不要将洗发水直接倒在头顶，而是要倒在手上，揉出泡沫再涂到头发上，对头皮进行按摩清洁，最后要确保洗发水被清洗干净。避免过度去除头皮角质，如果天天洗发，可以减少去角质的次数。清洗头皮的洗发水尽量避免选用含硅成分的，以减少头皮毛孔堵塞的问题。睡前可以做头皮按摩操，加速头部血液循环，例如按压头顶的百会穴，能舒解压力。

TIPS
佑群老师小叮咛

选择无硅洗发水保护秀发

1. 硅原用于工业，例如漏水密合。洗发水中的硅能将毛鳞片空隙填满，因此用含硅洗发水洗发后会感觉头发较滑顺，但这并不代表发质变好了。
2. 硅不溶于水的特性可能促使头发越发厚重而无法呼吸，甚至影响头皮毛乳头，造成脱发等问题。
3. 近来许多无硅洗发水会添加天然精油，增加洗发后的柔顺感与香气，所以想要头发顺滑也不一定要选择含硅的洗发水。

挑染发色
走在潮流尖端

25

当你看到艾薇儿、蔡依林和流行教主益若翼，会想到什么共同点呢？没错，就是挑染的发色。

不用多变，色彩才是重点

近年来，发色延续彩妆的马卡龙风，棕色、蜜糖般的粉红色、橙色都是流行色，而且将发色分成两个不同色块最流行。如果要挑战不同糖果色同时出现在头发上的跳跃感，一定要考虑清洗后可能产生的颜色相互污染问题，因此挑染不要超过三种颜色。过去流行的渐变挑染，现在已经转变为同一种色系的多色混搭。

摘掉帽子后
迅速恢复发型的技巧

26

STEP 1

STEP 2

STEP 3

　　出门戴着各式潮流的帽子，似乎也成了时尚人士的基本装扮。然而烦人的是，总是有必须摘下帽子的时候，而被帽子压塌的发型会顿时把你从潮流型女打成邋遢宅女，这可不行！来看看以下急救方法吧！

时尚要领：

1. 将头发散开并将头低下，双手从两侧插入头发中，从发根轻轻拨开并甩动头发，让空气进入发丝之间。
2. 从发根3厘米以上开始用梳子逆向梳理该部位的发根，让紧贴头皮的头发立起来。但要注意梳子的齿不要太尖细，以避免产生静电。
3. 整理好头发之后，一定要喷上定型喷雾，除了能维持蓬松的发型，还能防止头发打结以及产生静电。

马尾辫
显脸小的 "3C法则"

27

用发型打造小脸的重点在于基础发型完成后的微调，只要注意细节，脸马上就会看起来更小！看完以下解释你就会发现让脸看起来变小非常简单。

时尚要领：

1. 顶端的 "C"

将头发往头顶小幅集中时，视线便容易被向上吸引，这是利用错觉让脸看起来更小。

2. 刘海的 "C"

刘海微微向内卷形成C字曲线时，因为刘海的分量突出，脸看起来便会向内收，这是利用远近法让脸显小。

3. 脸部两侧的 "C"

在脸颊两侧留下部分头发，并且制造出微卷的C字曲线，利用发尾线条的延伸感让脸显小。

第4章
About Body
时尚美体妙招

仔细看，有没有发现我的圆顶高帽子轻轻压下去就变成了中折绅士帽？造型师的工作有时就像变魔术一样，用穿着、彩妆或发型就可以让一个人完全变身。然而，维持体形和健康，其实才是美丽与时尚魔法的基础。卡尔·拉格斐愿意为了穿上心爱的衣服而努力瘦身42千克，有时候，希望让自己更美的动力才是最神奇的魔术。

时尚总监 & 造型师:李佑群(Yougun Lee)
摄影:苏益良(Liang Su)
化妆:李筱雯(Wen Lee)
发型:Mai
助理:李伊雯 吴芳彦 Karen
摄像:Jacky

魔术师造型

这是我心中对时尚魔术师的想象：会变化的高帽子、系着骷髅头的长版大衣与白衬衫，带点神经质的味道。在某种意义上，造型师似乎就是让人变得更美的魔术师吧！

造型清单

–Henrik Vibskov (Secret Service)
（亨利克·维斯科夫）变形高帽子

–Tuesday Night Band Practice
(Secret Service)（英国时装品牌）骷髅头流苏长版灰黑色大衣

–Comme des Garcons（像个男孩）白色铆钉衬衫

–UNIQLO（优衣库）铅笔牛仔裤

–PRADA（普拉达）黑色厚底皮鞋

–Yves Saint Laurent（圣罗兰）Y字皮革手环

–Pet Shops Girl（宠物买女孩）法国斗牛犬戒指

–Boycott（日本品牌）英国斗牛犬戒指

牙刷的选择
影响牙齿美观

01

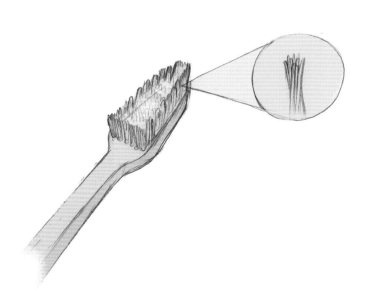

　　牙齿健康美丽，也是整体保养的环节之一，毕竟美丽是不分内外的！因此，认真地挑选一支适合你的牙刷吧！

选择要领：

1. 使用软硬适中的牙刷才不会造成牙釉质的破坏。
2. 选择有抗菌功能的刷毛，可以避免因刷毛上细菌滋生而影响我们的身体健康。
3. 多角度交叉的刷毛较能深入清洁牙齿死角。
4. 刷毛毛尖以圆形为佳，太过尖锐会造成牙龈出血。
5. 刷毛的密度大约每排6束为佳，太密或太稀疏都不能有效清洁牙齿。
6. 牙刷要经常更换，每支的使用时间不要超过三个月。

洗脸也能瘦脸？

02

记住，用温水清洁面部效果才好！以下的方法虽然并非真正让脸变小，却可以让面部线条紧致，达到"瘦脸"的视觉效果。

利用障眼法让脸变小

洗脸时先用温水清洁，再使用冷水轻轻拍打肌肤大约30秒，这样冷热交替2~3次，可以促进血液循环，瘦脸的同时也能排毒。如果还想使效果更明显，可以在冷热交替后，再用纱布或毛巾包着冰块在脸上轻轻按压，注意不能有任何摩擦拉扯，也不要在一个部位停留太久。

每时每刻
都要瘦手臂

03

　　夏天到来，看到一堆无袖连衣裙和背心，很多女生都"胆战心惊"，原因就是那双不敢见人的肉肉的手臂。快把手臂瘦下来吧！除了勤做手臂运动，日常生活中无时无刻不是训练手臂线条的好时机。

美体要领：

1. 平时化妆或做保养时，手肘不要撑在化妆桌上。
2. 坐地铁或搭公交车时，尽量站着，手拉拉环。
3. 走路时手臂摆动的幅度可以稍大一些。
4. 无论是单肩背包还是手提包，都要常换边，避免驼背或单侧肩因过度劳累而变形。
5. 最重要的是，每天都要照镜子，看看自己的手臂线条是否更结实了。

小心后腰肉
上身

04

在腰部下方、臀部上方，以手叉腰时摸到的腰后方的肉，就是俗称的后腰肉。这里是不易活动到的部位，因此特别容易囤积脂肪。来看看该怎么减掉"罪恶"的后腰肉吧！

美体要领：

1. 侧躺，运用腹肌及臀部、腿部力量抬腿画圈，每次20~30圈。
2. 穿着适度压迫腹部的塑腹或塑身衣，但要避免穿过紧的塑身衣或穿着时间过久。
3. 避免长期穿低腰牛仔裤和低腰内裤，以防止脂肪向下腹部累积。
4. 不要长时间坐着或躺着不动。

美化背部线条，
曲线自然显现

05

我周围有许多女性朋友，长相和身材都不错，唯独经常驼背。长期驼背不但影响背部曲线，甚至还会造成后背肉变厚。

别再当低头族

可以站在镜子前看看侧面的自己，头部如果明显比肩颈前移就是驼背了！如果想要改善体态，就不要偷懒一直放松身体，平常走路或坐着时都要挺直腰杆，别低头走路；要避免经常窝在沙发和床上，也不要弓着身子玩手机、用电脑。如果已经有驼背的情况，可以适度穿着防驼型塑身衣改善。

跟"OL的克星"马鞍臀说再见

06

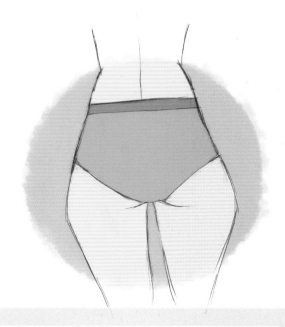

马鞍臀体形是现今许多上班族女性的困扰。所谓"马鞍臀",指的是脂肪堆积于臀部两侧,造成臀部至大腿两侧突出,大腿外侧有两大团赘肉,从背后看起来形状就像是马鞍一样。

马鞍臀的形成其实和生活作息有关。有马鞍臀体形的人,通常都喜欢坐着不动、爱跷腿、吃东西口味过重,长期下来臀部就容易变形、变大或下垂。就算是坐办公室,也要每隔30~60分钟就起来走动一下。假日的休息时间不妨到户外走走,别在家里当沙发土豆(couch potato,指天天窝在沙发上看电视的人)了!

佑群老师小叮咛

高丹数裤袜也可以消灭马鞍臀

裤袜的丹尼数越高代表穿起来越紧绷,越可以包覆腰间和臀部的赘肉。可以在自己能承受的范围内选择丹尼数高一些的裤袜。但是医师也提醒,这种裤袜一天的穿着时间不要超过8小时,而且不能穿着睡觉。

砥砺自己努力瘦身
的心理战术

07

想要瘦身，运动和饮食控制当然是最主要的功课，但是意志力和决心也很重要。

美体要领：

1. 在每天容易看到的地方，例如门口、冰箱、零食柜、化妆台或衣橱旁边，贴上自己瘦身的目标，同时在旁边贴一张自己比较臃肿的日常照，两相比较来刺激自己努力瘦身，维持良好身材也维持健康。这样，暴饮暴食的习惯或许也能有所改善。

2. 尽量不要边看电视边吃饭，这样可能会无法控制自己的饮食速度。但是可以放点轻柔的音乐进食，聆听舒缓的音乐，吃东西的速度也会跟着变慢。

3. 当肚子咕噜咕噜叫时，请先想想自己真的饿了吗？有时候感觉到饿只是口渴而已，可以先喝一杯水，如果还是感觉到饿才是真的饿了。

4. 吃饭前可以先休息5分钟，放松一下心情，因为在心理压力大时进食，很难细嚼慢咽。

测量腰围的方法

08

　　每次买牛仔裤时，我想大多数的人都只是单凭一个腰围尺寸的概念去购买，并不见得真的了解自己的腰围。用正确方式丈量自己的腰围，认清自己的身体状态，对健康、保养或穿着才能更有帮助。

腰部最细处才是量腰围的部位

　　脱去衣物轻松站立，双手自然下垂，皮尺高度放在肚脐上缘与肋骨下缘的中间点，也就是腰部最细处，紧贴但不要挤压皮肤，维持正常呼吸，在吐气结束后测所得数字才是真实的腰围。

美腿的黄金要点

09

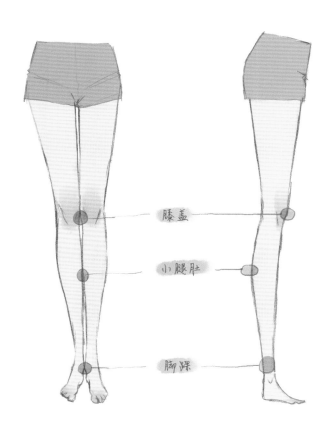

膝盖

小腿肚

脚踝

美腿的重点在于看起来纤细且线条匀称。想要拥有一双纤细的美腿，要做好膝盖、脚踝、小腿肚三个部位的保养。

美体要领：

1. 零赘肉膝盖：很多人都会忽略膝盖的保养，完美的膝盖要零疤痕、零赘肉，请定期为膝盖做去角质保养吧。

2. 纤细脚踝：不要以为脚踝一定是纤细的，有些人就因为作息不良让脚踝变粗，即使穿高跟鞋也不优美。多运动排水肿才不会让脂肪堆积在脚踝。

3. 拉高小腿肚：小腿要有小腿肚才美，但是小腿肚位置太低就会显得腿短。经常按摩小腿可以拉高小腿肚最突出点的位置。

消灭橘皮组织
的正确方法

10

　　女生夏季穿热裤时，最害羞的就是臀部下缘出现的不是上扬的微笑线，而是橘皮组织。如果你也有这种烦恼，就试着依照下列步骤改善吧！

美体要领：

1. 准备好纤体精华液，用小范围画圈的方式，按摩腹部和腿部等橘皮组织产生的地方。
2. 用手心向上拍打，帮助纤体精华渗透进肌肤中，力度以感到稍微有点疼为佳，不要太用力。
3. 早晚各按摩一次，可以促进循环，消除水肿。

去除尴尬的脚臭

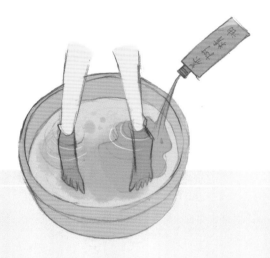

双脚在夏天比冬天更容易出汗，如果到了需要脱鞋的场所，总会尴尬不已，因此去除脚臭成了很重要的课题。

美体要领：

1. 首先要保持双脚的清爽。
2. 用稀释的茶树精油或者是泡过的茶叶泡脚10~15分钟，泡完脚务必将脚趾间都擦干。
3. 用痱子粉保持脚的干燥。
4. 避免穿不吸汗、不透气的尼龙袜，选择棉质袜子为宜。
5. 袜子一定要天天换洗。
6. 避免总是穿同一双鞋子，一周可以将两三双鞋交替穿。
7. 鞋子需通风，或是塞入报纸、竹炭吸湿。

早餐吃得对，
肥胖绝不会

12

　　吃过早餐之后，大脑接收到吸收糖类的信号时，会加快身体内的代谢。养成长期吃早餐的良好习惯，不仅有益健康，身体也不容易发胖。

早餐要点：

1. 多吃鱼类，鱼类的优质脂肪较不易造成身体负担，所以日本人早餐吃鱼的习惯是很不错的。
2. 沙拉尽量不要淋上高热量的酱汁，忍耐一下，试着品尝原味的也不错。
3. 富含碳水化合物的面包可以供应早上身体所需的糖类。
4. 吃一个鸡蛋，喝一杯酸奶，它们富含蛋白质，是早餐的优选食物。
5. 如果可以，建议少碰甜点，其中的反式脂肪是肥胖的一大诱因。

午餐要均衡摄取
各种营养

忙忙碌碌一个上午，到了午餐时间，是不是感觉又累又饿呢？为了下午能精神百倍地迎接生活和工作，赶快趁这个时刻好好补充营养吧！

中午要全面补充营养

午餐可以多摄取蛋白质，包括鱼类和肉类；还应该大量摄取富含膳食纤维和促进代谢所需维生素及矿物质的蔬菜。中午也是适合运动的时间，不过千万不要在吃完饭后立刻做剧烈运动。

晚餐选对时机
才健康

晚餐越晚吃越不容易消化，长期下来身体就容易囤积不必要的脂肪，所以我建议不要超过晚上8点吃晚餐。

钙质容易在入睡时沉积在体内

控制晚餐是最容易的减肥法，也有助健康。早吃晚餐是医学专家推荐的保健方法。食物中含有大量钙质，它们中的一部分被小肠吸收，另一部分则通过肾小球进入泌尿道排出体外，而排钙高峰期在餐后4~5小时。若晚餐吃得过晚，在排钙高峰期未到来时入睡，尿液便会留在输尿管、膀胱中不能排出，致使尿中钙增加，长期如此钙沉淀下来便可能形成结石。

餐后不宜立即喝饮料

15

和我一样爱喝饮料的朋友要注意了，喝饮料的时间和健康以及肥胖其实也有间接关系。

饭后大量喝饮料可能会消化不良

如果饭后立即喝大量饮料，可能会把原来已被消化液混合得很好的食糜稀释，影响食物的消化吸收；也会冲淡胃酸，导致肠胃消化不良，更容易使身体变肥胖。所以想要拥有好身材，最好不要在饭后立即大量饮用饮料。

夜宵
是苗条曲线的杀手

16

深夜吃东西变胖是不变的定律。如果真的饿了，又无法忍耐，建议尽量喝热饮。

吃热量低又有饱腹感的食物

喝脱脂热牛奶可以补充蛋白质并且有助于代谢，还可以喝热可可或吃富含膳食纤维的魔芋果冻来增加饱腹感。尽量在固定时间就寝，这有助于改掉吃夜宵的习惯。

猕猴桃
是瘦身水果之王

17

 TIPS 佑群老师小叮咛

其他四种瘦身水果

1. 苹果：每颗苹果的热量只有50大卡左右，还含有丰富的果胶和钾，时常食用能够帮助消除水肿。
2. 番石榴：番石榴含有丰富的膳食纤维，能够减缓血糖上升的速度，让人不会那么快感到饥饿。去籽后的番石榴热量还会更低。
3. 葡萄柚：葡萄柚含有丰富的维生素C和纤维素。有研究指出，餐餐都吃半颗葡萄柚，3个月可以减掉2千克。
4. 番茄：番茄中丰富的膳食纤维可以促进肠胃蠕动，它比番石榴更能减缓血糖上升的速度。

猕猴桃堪称营养密度最高的水果，因此吃猕猴桃好处多多，而常吃猕猴桃并配合运动，还有助于改善脂肪囤积的状态哟！

猕猴桃帮你改善睡眠质量

猕猴桃含有的维生素C与膳食纤维都十分丰富，可以增加分解脂肪的速度，避免腹部累积过多的脂肪。而且猕猴桃中的钙含量高于葡萄柚、苹果和香蕉，而钙正是可以提升睡眠质量的重要元素，可以增进神经系统的稳定性并放松精神。猕猴桃中的微酸还能适当促进肠蠕动，增强食物吸收力，减少肠胃胀气的发生，间接帮助我们改善睡眠质量。

改善腹部脂肪囤积的食材

18

美食当前，总是难挡诱惑，越吃越多的结果是下腹部脂肪囤积，时间越久脂肪越不容易消除。其实，食物中就有许多可以瘦小腹的救星哟！

不一定要节食才会瘦

脂肪堆积，通常是饮食习惯不良、膳食纤维摄入不足、肠内环境不佳加上缺乏运动造成的。而且现代人作息不正常、压力大，心情无法放松，睡眠质量也会很差，这种种对身体的不良影响，都是导致肥胖的原因。

平时可以多吃点有助于瘦小腹的食物，包括：芝麻、猕猴桃、番茄、香蕉、紫菜、红豆、西瓜、木瓜、魔芋、菠菜、花生、苹果、海带等。这里面有没有你爱吃的呢？

 佑群老师小叮咛

六招瘦小腹

1. 减缓自己的用餐速度，吃饭时间不要少于30分钟。
2. 不要喝太多碳酸饮料。
3. 不要嚼太多口香糖，它会让你吞进过多空气造成胀气。
4. 要注意盐的摄取量，不宜过量。
5. 少食多餐。虽然有点难，但试试看每天进餐5~6次，每次少量进食。
6. 尝试吃些抗胀气食物：薄荷茶、生姜、西芹和含益生菌的酸奶等。

有助对抗紫外线
的食物

19

　　除了做好防晒工作外，摄取的食物得宜也有助于防晒哟！以下列举了部分有助防晒的食物，可以作为参考。

多吃蔬菜水果

　　多吃富含维生素C的水果，多吃豆制品，但请小心选择非转基因的黄豆；多吃一些红黄色蔬菜可以减轻晒后肌肤损伤；适量吃富含维生素E的坚果，能帮助抗氧化，但坚果热量较高；多喝绿茶，它有很好的排毒养颜功效。

 佑群老师小叮咛

卡卡杜李

　　据称，卡卡杜李是目前世界上维生素C含量最高的水果，澳洲原住民普遍把它当成零食食用。而现今许多美白护肤品也添加了卡卡杜李萃取物，想要美白的朋友不妨试试！

芝麻是体内的
环保尖兵

20

我非常注重养生，尤其是饮食养生，芝麻就是饮食养生的重点食材。可以将芝麻磨成粉或购买市售的黑芝麻饮品、芝麻糊食用。

营养丰富又可增加饱足感

芝麻营养成分高，能提供人体所需的维生素E、维生素B_1、钙质等，而且它的亚麻油酸成分有助于去除附在血管壁上的胆固醇。另外，芝麻中的卵磷脂还能够防止人体发胖。有便秘困扰的人，多吃芝麻症状也能改善。此外，芝麻还有滋润皮肤的作用。

多喝水有益健康

21

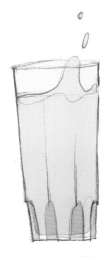

1500 ~ 2000 ml

这句话是老生常谈，大家都知道。我个人就非常爱喝水，这也是我能保持肌肤状态良好的一大原因，不过喝水也是有诀窍的。

水分子帮助身体代谢脂肪

喝水有益健康，减肥的一个重要方法就是多喝水！研究发现：一分子脂肪约需要两分子的水帮助代谢，每千克体重需要30~40毫升的水帮助代谢，也就是体重50千克的人，一天正常的饮水量需达到50×30~40毫升，即1500~2000毫升。

 TIPS 佑群老师小叮咛

喝水瘦身小诀窍

1. 每餐用餐前都喝一杯水。有时候人感到饥饿，其实是身体发出的缺水信息，饭前30分钟喝一杯水，用餐时就不会吃得过多。
2. 早上起床后先喝一杯水。一早起床后可以先喝200~300毫升的温水，通常喝完水30分钟后就会有便意。每天顺畅地排便，腹部多余的脂肪自然就不会跟着你！
3. 下午茶时光喝一杯花草茶。下午茶时间通常都会嘴馋，如果不想增加过多的热量，可以喝一杯花草茶，能够去水肿、利尿又有助降低胆固醇。
4. 晚餐喝一杯蔬果汁。将热量较低的蔬果打成汁饮用，例如苹果、猕猴桃、芹菜等。这些蔬果中的膳食纤维可以促进肠胃蠕动，有助于减轻肠胃的负担。

改善水肿小技巧

22

　　水肿的一个原因是身体摄取了过多的盐分，导致水分留滞在细胞中无法排出，并非是喝太多水造成。早上起床洗脸照镜子时，有没有发现自己看起来有水肿的情况呢？如果有的话，牢记以下几点，可以改善水肿问题。

美体要领：

1. 早上起床后适度伸展身体，做深呼吸。
2. 喝不加糖、奶的黑咖啡，它可以利尿从而改善水肿。咖啡因还可提高热量消耗速率，100毫克咖啡因可以让人体新陈代谢率增加3%左右。喝咖啡配合运动效果更佳。
3. 饮食清淡。重口味、重盐、油腻的食物容易让人水肿，日常饮食应以低盐、低糖、少油食物为主。
4. 多摄取有排水利尿效果的食物，如薏仁、红豆、冬瓜、西瓜和菠菜等。
5. 绿茶有助于消水肿，里面含的多酚也能抗氧化。
6. 保持作息正常，避免熬夜。晚上10点到凌晨2点是人体最佳排毒时间。

提早10分钟起床
有益健康

23

试着将原定闹钟的时间往前调整10分钟吧。我知道这很困难，但早上提早10分钟起床，对身体健康有直接或间接的帮助哟！

给自己一段缓冲时间

下床之前在床上稍坐片刻，等到血液循环活跃后再下床；接着活动活动筋骨，一边刷牙洗脸一边活动身体，让自己真正醒过来！每天只要10分钟，就可以让自己不再赖床，肠胃蠕动也会变好，从而促进排毒，肌肤自然会变得比较水嫩年轻。

泡澡舒压，
身心都美容

24

　　如果家中有浴缸就不要浪费它！泡澡有助于消除压力，也能改善肌肤肤况。

泡澡的同时放松身心

　　干燥、暗沉等肌肤问题常常与心理压力有关，泡澡有助于释放压力。热水的蒸汽还可以加快血液循环，促进代谢。身体温度提高后，大脑会发出α波，而α波是连接意识和潜意识的桥梁，是促进学习思考的最佳脑波。在泡澡时可点上精油蜡烛，同时播放自己喜欢的音乐舒缓心灵。让泡澡成为一天中治愈疗养的时刻吧！

容易囤积脂肪的生活习惯

25

以下我列举了一些可能导致变胖的生活方式，如果下列情况你有五项以上都符合的话，就要小心了。尽快改善你的生活习惯吧！

不良习惯：

1. 不知不觉间食量变大。
2. 出门都是搭出租车或司机接送。
3. 一天中的大多数时间都是坐着的。
4. 喜欢吃油炸食物与零食。
5. 不吃早餐。
6. 吃晚餐的时间很晚。
7. 工作很忙，经常狼吞虎咽吃得很快或边吃边工作。
8. 经常靠吃消除压力。
9. 爱喝酒，喜欢吃重辣重盐的食物。
10. 几乎都是外出就餐。

有氧运动有助减重

26

 佑群老师小叮咛

时下正流行的"333"运动

　　时常听到大家说按照"333"法则运动会比较有效果，那到底什么是"333"运动呢？其实就是每周运动3次，每次运动30分钟，而运动后的心率控制在每分钟130次左右。只要努力坚持3个月以上，就会有减肥的功效。

　　有氧运动是相对无氧运动来讲的，它是指运动过程中氧气供应充足，细胞能够进行有氧代谢的运动。它的特点是强度低、有节奏、持续时间长，可以消耗脂肪。

　　有氧运动包括有氧舞蹈、慢跑、骑自行车、爬山和游泳等。只要持之以恒地运动一段时间，就能有效地燃烧身体的脂肪，体重自然就会降下来。

年后还能保持窈窕
的秘密

27

过年期间大鱼大肉是少不了的，加上各种好吃不腻的甜食点心，想不胖一圈都很难。其实过年期间还是可以享受美食的，不过要谨慎挑选而已。

烹调方法是重点

虽然可能难以抵挡诱惑，但是一定要少吃高油脂的食物，例如香肠、油酥类点心等，还要避免生冷的食物，以免刺激脾胃。要多吃青菜少吃肉，以减轻肠胃的负担，预防便秘；也要少吃烟熏、烧烤类的食物，避免有毒物质囤积体内。

邪恶又甜美的甜食
少碰为妙

28

　　近年来，糖尿病的发病率越来越高，这和人们爱吃甜食有一定的关系。吃甜食过多，容易让代谢变慢，身体的负担增大，建议少吃甜食为妙。

已经肥胖上身就不要再吃甜食了

　　如果四肢经常酸痛又容易感到疲劳，或者脸和四肢水肿、臀部和腿部明显比较胖，建议少吃甜食。这类人容易口干舌燥又爱喝冰的饮料，这种习惯会影响肠胃功能，容易引起胃痛、腹痛、腹泻或便秘。

"跑趴"季节
如何解宿醉?

29

　　每年到了年末,一堆聚会、聚餐接踵而来,这个时候难免要喝上几杯。我也喜欢品酒,却极度厌恶烂醉宿醉的感觉。如果有难以拒绝喝酒的状况发生,下面就提供几招帮你缓解宿醉。

解酒要领:

1. 喝酒前吃一点点油脂类食物,如肥肉等,可以减少酒精的吸收。
2. 饮用蜂蜜水、吃一点西红柿,可以缓解酒后的头晕头痛。
3. 喝酒前后要多喝水,以加快酒精代谢排出。
4. 宿醉后的早晨吃顿丰盛的早餐吧!营养充足了,精神自然好。
5. 身体不适或要开车时绝对不要饮酒,要勇敢向对方说"不"!

第5章

About Make Up

时尚彩妆诀窍

　　我的另一个偶像是大卫·鲍威(David Bowie)，摇滚乐天神。20世纪70年代，不只他的音乐呼风唤雨，他那橘红色的高耸发型、脸上红白相间的霹雳闪电图腾、雌雄同体的中性穿着、艳丽多彩的西装拼接亦令人过目不忘。不仅仅是服装，他让彩妆也成了一种时尚符号。至今，他在时尚圈依然深具影响力，甚至成为LV的形象代言人。于是，我生平第一次挑战如此夸张的妆容与颜色，向大卫·鲍威致敬的同时，也想告诉你们彩妆对于整体风格的重要性。

时尚总监 & 造型师:李佑群(Yougun Lee)
摄影:苏益良(Liang Su)
化妆:李筱雯(Wen Lee)
发型:Mai
助理:李伊雯 吴芳彦 Karen
摄像:Jacky

大卫·鲍威造型

　　这套造型以桃红色的西装外套搭配亮面衬衫与领带，加上浓艳的妆感与发型，企图在中性化的打扮中保留大卫·鲍威的摇滚因子。至于拿着裁缝刀或抚摸着套上网袜的假腿，都是想要诠释"造型师"版的大卫·鲍威。

造型清单
- VERSACE（范思哲）x H&M桃红色西装外套
- ABAHOUSE（奥八好斯）丝光咖啡色衬衫
- 弈沃 亮黄色领带、绿色口袋巾
- FIND（亚马逊自有品牌）灰色宽版西装裤
- Paul&Joe（保罗&乔）红蓝条纹袜子、乐福鞋
- Yves Saint Laurent（圣罗兰）Y字皮革手环
- Pet Shops Girl（宠物买女孩）法国斗牛犬戒指
- Boycott（日本品牌）英国斗牛犬戒指

防晒隔离
一步到位

01

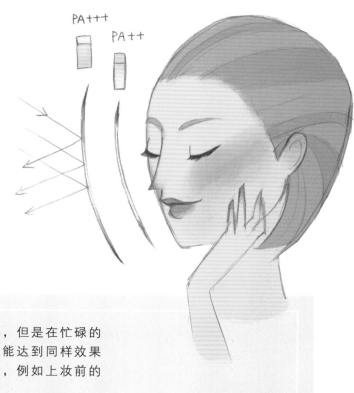

　　护肤品功能虽然越分越细，但是在忙碌的生活中，能将护肤程序简化又能达到同样效果的产品，对大家来说都是福音，例如上妆前的一次性防晒产品。

清爽不黏腻才能应付一整天的忙碌

　　防晒和妆前打底一次完成，可以避免过多护肤程序对肌肤造成过多刺激。建议使用高防晒系数（SPF50 PA+++）的隔离霜，以延长不被晒黑的时间，但要选择质地清爽不黏腻的产品。除了防晒隔离霜之外，建议选择有防晒系数的斑点遮瑕产品，以免色素持续沉淀。

底妆长时间
不脱妆的技巧

02

粉底液

　　炎炎夏日，只要过了下午，精心打理的妆容就会面目全非，相信许多女孩子都"心有戚戚焉"。其实，有些简单的小技巧可以让妆感更持久。

美妆要领：

1. 记得做好妆前保养。在上妆前用放在冰箱里冰镇过的毛巾轻敷面部，让肌肤的温度下降。
2. 将微湿的化妆海绵放到冰箱里冷藏一下，然后取出轻拍在抹好粉底的肌肤上，你会感觉格外清爽，妆容也会更持久。
3. 妆后在距离皮肤20厘米处使用保湿喷雾，再以面纸吸去水分，可以减少妆容的厚重感，令妆容看起来比较轻透自然。

持久底妆的
上妆步骤

03

夏天实在太容易脱妆了，对此，我们能做的除了预防还是预防。保湿、降温、持久定妆都是不可或缺的步骤，按照下列步骤上妆吧！

美妆要领：

1. 先做好基础保湿和毛孔护理。
2. 上底妆前，先使用高保湿力的妆前乳等妆前产品打底。
3. 加强局部修饰暗沉及斑点，避免脱妆时过度明显。
4. 将粉底液分次酌量从面部中央往外轻抹。
5. 最后轻轻拍上防晒蜜粉，加强对阳光的防护。

运用遮瑕术
打造零缺点面部肌肤

04

每天出门上妆，针对肤色暗沉、黑斑的遮瑕非常重要。我觉得遮瑕是决定整体妆容是否成功最关键的一步。

轻松打造完美底妆

完美遮瑕的第一步，就是选对遮瑕产品的颜色，用于眼周、鼻翼、嘴角、斑点等处的遮瑕产品要分开选择。用于眼周和斑点的遮瑕膏，要选和粉底相同的颜色或是浅一点的，但不要过白；鼻翼和嘴角则可选深一点的色号。最后以蜜粉定妆，简单的底妆就完成了。

将无神内双眼
改造成魅力电眼

05

有些女孩子的眼皮是内双的，眼皮天生看起来就有微微下垂的问题，容易显得无精打采，这时可以运用重点式的眼妆让眼睛变得有神。

美妆要领：

1. 在眼皮上打上深色眼影，建议选择大地色系，比较好搭配。
2. 强调眼周，增加一些深邃感，但不要过重。
3. 在眉毛下缘刷上浅棕色的眼影，增加层次感。
4. 用棕色眼影加重眼窝偏外侧的部分，可以起到微微向上拉提眼皮的效果。

别再画出
"蜡笔小新眉"了

06

眉毛对于整体妆容的影响很大，因为眉形线条的动感会影响我们的表情，而眉毛太浓密会变成蜡笔小新，太淡又会影响气色。要画出自然的眉毛，请准备三样神器：眉笔、眉粉及染眉膏。

美妆要领：

1. 用眉笔画出眉毛的中轴线，不要一笔画到底，要一笔一笔地从眉头拉到眉尾。
2. 用眉笔点出黄金三角的位置：也就是眉头、眉峰及眉尾，并用眉粉轻轻晕开，务必使色彩浓淡自然。
3. 眉头处逆着眉毛生长方向刷上染眉膏，其余部分顺刷梳理整齐即可。过长的眉毛、杂毛记得顺便修剪掉。
4. 眉毛毛色可与发色呼应，看起来会更自然时髦。

最基本的眼线技巧

07

　　许多女生可能觉得化妆技巧中最难掌握的就是眼妆技巧了，只要稍微一失手，很可能就得从头来过。其实，只要多练习，再参照我的小技巧，一定可以将眼妆化得完整又美丽。

美妆要领：

1. 轻轻地拉提眼皮，从眼头往眼尾方向沿着睫毛根部画上细细的内眼线，在靠近眼尾1/3的部位加粗眼线，让眼睛看上去更深邃。
2. 用笔刷将内眼线微微晕开，做出阴影，眼尾部分向上拉提0.2厘米做出上扬弧度。
3. 依循已经自然晕开的眼线，用黑色眼线液顺着睫毛根部描绘，眼尾稍稍向上提拉，最后自然淡出。
4. 在下眼皮描绘后1/4的眼线，并与上眼线连接。注意眼尾的三角区域是一定要填满的！

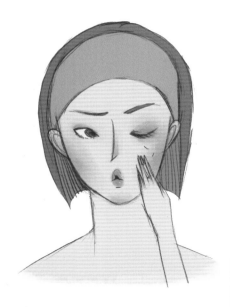

保护脆弱的睫毛

08

睫毛和毛发一样，都有一定的生长周期，自然脱落后还会再长出来，但还是得注意保护。

卸妆手势要轻柔

卸睫毛时太过用力可能导致眼睑受伤，更难生长出新的睫毛。所以平日卸妆要轻柔，尤其是天天都戴假睫毛的女孩，建议选择市面上安全的睫毛生长液来保养睫毛。

 佑群老师小叮咛

照顾睫毛的三个小技巧

一、睫毛应该如何保养？

1.注意营养的摄取，维持毛囊的健康，睫毛才会丰厚。

2.如果刷了睫毛膏，卸妆一定要卸得非常彻底，尤其是靠近毛囊的部分，这关系着睫毛的生长与再生。

3.假睫毛建议只在重要的场合、假日或是参加晚宴时戴，整天戴对自己原有的睫毛是有伤害的。卸睫毛的手法要正确，卸下的假睫毛如果要再利用，一定要注意清洁。

二、画长睫毛时，如何以最简单的方式达到最自然的效果？

长睫毛要看起来自然，建议用睫毛夹夹翘睫毛后再刷上少量的睫毛膏就好，运用眼线和眼影去加强眼部的轮廓会比使用假睫毛的效果更好。

三、若要走洋娃娃可爱风，哪一种方式可以让长睫毛的优势更加迷人？

现在流行无辜眼妆，或称小鹿斑比眼妆，它眼尾睫毛的线条是往下的，这非常适合有自然长睫毛的女生。若要做出性感小猫眼就把眼尾的线条往上拉，眼尾涂得浓一点。无论是幽幽往下的小鹿斑比眼，还是往上拉提的性感小猫眼，都很适合长睫毛的女生。另外，非常不建议女生贴两层假睫毛。

假睫毛的清洁保养

09

年轻的女生都喜欢戴假睫毛，但如果不注意假睫毛的清洁，严重的时候甚至会伤害到眼睛，必须谨慎哦！

棉花棒是清洁的好帮手

卸下的假睫毛要用眼唇卸妆液浸泡，最少要浸泡1个小时。接下来，使用棉花棒将睫毛梗上的胶和睫毛膏清除，先从根部开始清洁，接着是前端，动作必须轻柔。最后要将假睫毛上的眼唇卸妆液擦拭干净，确定它们完全干燥后存放到干净的盒内，千万不要随意摆在桌上。

一副假睫毛建议使用3~5次就更换新的，以免眼部受到细菌感染。

TIPS 佑群老师小叮咛

除了戴假睫毛，你还有更好的选择

一、睫毛也会老化

睫毛的自然生命周期为4~9个月，但常化浓妆、卸妆、常揉眼睛等会造成睫毛老化。睫毛老化的症状包括睫毛容易掉落、不易生长、来不及长长就掉了，睫毛会因此变得越来越少。

二、自然的长睫毛对于彩妆的重要性

展现裸妆或素颜美的关键在于如何掌握面部比例。睫毛决定了眼睛的视觉大小，当睫毛呈现放射状时，眼睛看起来就会变大，又好像会笑一样，甜美度立刻提升！

裸妆或素颜时，没有过多的彩妆遮掩面部缺点，眼睛的深邃度更需要睫毛来帮忙强化。明亮的眼神需要翘长的睫毛来衬托，但戴假睫毛会不自然，它太长又不协调。最好的是拥有自然浓密、纤长、黑黑的睫毛，这样不但眼睛迷人有神，又不会给人不自然的感觉。

三、假睫毛强迫症带来的伤害

1.若经常戴假睫毛、撕假睫毛，眼皮容易松弛。

2.戴假睫毛的时间太长，眼皮会红肿。

3.假睫毛只要有一头翘起来就只能全部拿掉，没粘好或是粘得太深入眼头时，一整天都会很焦躁，眼睛也可能受到伤害。

4.不当地粘、戴假睫毛，或是睫毛胶的质量不好，甚至接、种假睫毛都会对睫毛及眼皮造成伤害，导致睫毛无法正常生长或出现老化的现象。

四、药用睫毛生长液真的有效

药用睫毛生长液是经过许多试验，取得认证才能上市的，有临床试验显示它可有效刺激毛囊，延长睫毛生长期及增加生长期睫毛的数量。药用睫毛生长液在药妆店买不到，需经医师诊断后开具处方，凭处方才可在医院购得。

不用假睫毛
也可以拥有自然长睫毛

10

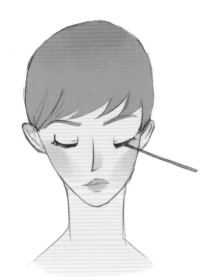

现代的女性非常重视眼妆，尤其是睫毛，我身边一些女性朋友几乎已经到了不戴假睫毛就不敢出门的地步了！然而，时尚界最近吹起一股自然妆感风潮。能够拥有天生卷翘又纤长浓密的睫毛是多么令人羡慕的一件事！其实，保养睫毛还是有方法的。

日常保养让睫毛长长

一定要加强眼周保湿，才能培育出强韧的睫毛！因为毛发是由蛋白质组成的，所以一定要摄取足够的蛋白质噢！平时还可以使用蒸气眼罩并轻柔地按摩睫毛根部，促进血液循环；可以使用安全的、经过专家认可的睫毛精华液或睫毛生长液，持之以恒地使用，至少持续2周以上才能感觉到效果。

自然真睫毛：
独一无二的自信

11

　　"视觉"是最重要及直接的感官表现，眼神能透露个人气质与个性。在不断尝试如何装点、打造清新诱人双眸的同时，别忽略自己的"真睫毛"。它们其实对脸形修饰及立体感层次表现有举足轻重的作用。

美妆要领：

1. 素颜时尚追求"净、透、亮"的妆容，通过抢眼飞翘的睫毛展现眼睛神采，而真睫毛自然得刚刚好，能让女生在举手投足之间散发无穷魅力。
2. 不同浓密程度的睫毛适合不同场合，睫毛需要24小时保持在最佳状态。拥有浓密的真睫毛，可使双眸呈现自然迷人的神韵，不用浓妆，也不怕掉妆，展现个人风格"零时差"。
3. 睫毛跟眼睛一样脆弱，卸除眼妆记得要轻柔小心。太用力搓揉或卸妆技巧错误，会使皮肤丧失自然弹力，也可能将睫毛连根拔起。拥有富有弹性及光泽的睫毛，眼妆才有加分效果。
4. 戴假睫毛及植睫毛最忌过度，若残胶没清干净，可能会堵塞毛孔或造成发炎。让睫毛透透气，减少负担，延长睫毛寿命，是美睫之道。

佑 群 老 师 小 叮 咛

关于睫毛，大家最常问的问题

问1：卸妆时我的睫毛常会掉落一两根，之后会再长出来吗？
答：人的上眼睑有100~150根睫毛，每根睫毛有4~9个月的自然生命周期，若是因为摘除假睫毛或是卸眼妆时过度用力导致睫毛掉落，有可能会使眼睑受伤、发炎，甚至破坏毛囊导致睫毛无法继续生长。

问2：睫毛也会老化吗？
答：别以为年龄到了，才有睫毛危机！忽略细节可能让你的睫毛寿命提早到期！30岁后睫毛会跟着身体一起"初老"，变得越来越短、越来越稀疏，生长的速度和色泽也跟着退化。另外，过度化浓妆、烫睫毛、种睫毛等等，同样会加速睫毛的老化！

问3：天天粘假睫毛会有什么影响？
答：追求美睫，最忌太过头！戴假睫毛太过头，层次多又厚重，会让真睫毛不堪负荷，变得脆弱、容易掉落；睫毛胶易使眼皮根部毛孔阻塞，轻则红肿发炎，重则伤到眼角膜。

问4：睫毛的状态要怎么评估呢？
答：从睫毛长度、浓密度与颜色全方位评估，睫毛可分为四个等级：
★第一级：睫毛短且稀疏，没有存在感。
★★第二级：睫毛长度与浓度中等，看起来一般般的样子。
★★★第三级：睫毛丰盈，长度令人羡慕。
★★★★第四级：睫毛明显纤长浓密，令人目不转睛。
亚洲人的睫毛多属第二级，第三级、第四级比较少见，因此眼睛的深度总是略逊一点！不过不用气馁，通过睫毛的保养，还是有可能让睫毛自然升级的！相反，错误对待睫毛，可能导致睫毛严重损伤。

挑战益若翼的
可爱小鹿眼妆

12

这几年眼妆的两大趋势就是猫眼妆和小鹿眼妆，而前阵子与日本流行教主益若翼一起工作时，她告诉我最近走得比较多的是自然派路线。各位也不妨挑战一下现在流行的小鹿眼妆，打造有点无辜、有点楚楚可怜的水汪汪的大眼睛。

在自然中营造性感可爱

上睫毛做出浓淡相宜的自然变化，使用中央部分较浓而眼尾较薄的假睫毛，即使不画眼线也能营造出洋娃娃的感觉；下睫毛再做出有点距离、根根分明的感觉，就会更像洋娃娃！记得眼尾睫毛线条要微微向下，这样看起来会更无辜。

打造
狂野的猫眼妆

13

除了无辜的小鹿眼妆之外，欧美派的猫眼妆是让你的眼神变得狂野动人的秘诀，可以为整体造型增添不少野性风情。

可妩媚亦可中性

猫眼妆强调眼睛的轮廓，重点是保持眼部立体感并勾勒浓厚上挑的上眼线，同时打上深色的眼影。眼妆已是重点，唇色就要收敛一些，面部保留一个重点即可。如果想要挑战帅气的中性风格，选择强悍却性感的猫眼妆会非常适合。

别让眼妆晕开
吓坏众人

14

　　精心化了一个美美的眼妆，却可能因为出油、出汗或是泪水分泌而让眼妆整个晕开，一照镜子惨不忍睹。其实有些小技巧可以预防眼妆晕开。

美妆要领：

1. 在上眼影前，多上一层眼底霜，利用指腹或是眼影刷薄薄地涂一层。
2. 使用增长型的睫毛膏，其中的微细纤维可以增加睫毛的浓密度和卷翘度，使其不容易和下眼皮互相沾染。
3. 用眼影刷蘸取蜜粉，轻轻按压在下眼睑与睫毛根部，让眼影持久定妆效果会更好。
4. 眼线画完后，记得再用深色眼影描绘一次，将眼线整个包覆起来，以抑制油脂分泌。

一支唇蜜
打造三种风格

15

　　利用唇蜜让嘴唇达到亮丽又水嫩的效果，无形间可以让整张脸看起来既年轻又甜美，让男生好想咬一口。总的来说，依照你自身喜好的风格或当天穿着，可以用唇蜜创造出三种不同的效果。

美妆要领：

1. 自然派：将透明的唇蜜轻轻拍在嘴唇上，涂擦时稍微张开嘴唇。记住，不要让唇蜜堆积在嘴角，要让它在嘴唇上均匀分布。
2. 可爱系：使用显色度比较高的唇蜜涂擦整个唇部，再使用晶亮唇蜜打亮唇珠至唇峰和下唇形成的心形部位。这样的唇妆会让你看起来像日系杂志模特儿一样诱人可爱。
3. 优雅风：先用唇线描绘出唇形，再使用唇蜜的刷头给唇部上色，最后用面纸抿一下，看起来会更为柔和。这样的唇妆比较适合成熟一点的整体妆容。

让干燥嘴唇
更持妆的技巧

16

STEP 1

STEP 2

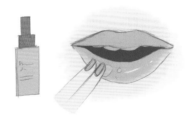

STEP 3

　　秋冬干燥的气候是嘴唇的大敌，唇部常常会干裂，唇纹也会变得很明显。不要让嘴角四周的片片雪花使你成为"白雪公主"！

使用保湿唇彩留住水分

　　不能过度刺激嘴唇，例如用口红直接涂抹嘴唇，就很容易造成唇色不均。上完润唇膏之后，以保湿型粉底来为唇部打底，再用唇刷轻轻点上唇彩就可以了。

挑选适合
自己的香氛

香水、香氛的味道成百上千，每一季各大品牌都不断推陈出新。但对香味的感觉是主观的，还是依照自己的喜好选择吧！

选香要领：

1. 将香水喷在试香纸上，等几秒钟之后，在距离鼻子3厘米的地方挥动试香纸感受香味。
2. 间隔2分钟左右，再试下一瓶。
3. 不要在短时间内闻香超过3瓶，不然会让嗅觉疲劳而无法清晰辨别味道！
4. 最后将自己比较喜爱的香水喷在身上，体验一下与肌肤结合的香味是否令自己感到舒服，如果喜欢，它就是适合你的香氛！

清淡却迷人的淡香水

18

香水分为很多种，我们常常听到店员说："这一款是淡香哦！"但你真的了解淡香水的定义吗？

淡雅香气适合工作时使用

淡香水(Edu de Toilette)由于味道较清新，适合上班族平日使用，不会给人过多负担。淡香水停留时间一般是4~6小时，可以增加使用次数来延续香味。它不分基调、前调和后调，一般以花草香或果味为主，可以给人清新自然的感觉。

 佑群老师小叮咛

淡香水的特殊喷法

在洗完澡后，将香水大片喷洒于身上，体温会让香水变得独具个人味道，留香时间也会拉长。喷好再穿上衣服就可以了！

在本书的最后，我特别邀请了好友、时尚界的女人典范，也是《Taipei InDesign 台北映时尚》和《Stephanie's View时尚名人荟》节目制作人暨主持人温筱鸿老师，请她与大家分享时尚秘诀。

女人的时尚绝招

> 佑群老师和我是好伙伴也是好朋友，我们都从事时尚领域的工作，常常有机会在后台看到许多美丽的模特儿。然而，就算是身材瘦长的模特儿，也不见得适合所有的服装。读者们也不要认为衣服只有模特儿才能穿得好看，我根据自身的经验整理出了5条女人的时尚绝招，下面就分享给各位读者。

◆ 绝招1：吸收各式信息

我习惯于每天看报纸，吸收商业、时尚、生活和社会等各领域的新鲜知识。在我分享的5个时尚绝招中，吸收信息是最重要的。不断学习与接收新鲜知识，是推动自己保持时尚活力的最大动力。

◆ 绝招2：了解自己的身型

商场上常用的SWOT分析法（优劣势分析法），其实我也常将其应用在对身材的分析上，就像是在营销一项商品，要分析出身型最大的优点是什么，例如锁骨、细腰、细腿，这些身材优势一定要牢牢抓住；也要了解自己最大的缺点是什么，例如小腹、"拜拜袖"、大腿根部等，要运用衣饰修饰这些部位。建议读者从全身镜中好好观察自己的体形，分析优缺点并"隐恶扬善"，打造自己的身材黄金比例。

◆ 绝招3：打理自己的衣柜

打理自己的衣柜，是季节转换时一定要做的事情。打理衣柜时要"主题化"衣柜，方法是把所有服装都系统性地挂好，例如规划一个区域用来放常穿又实用的单品，接下来以颜色分类："无彩色"例如黑白灰、卡其、牛仔色等，适合集中一起，因为搭配性最强；然后是"正色系列"，依照红、橙、黄、绿、蓝、紫等颜色分类，而"粉色系列"如马卡龙色、冰激凌色、糖霜色等也属同一类。打理衣柜最大的好处是让衣柜变得一目了然，并且可以快速完成配搭出门。

◆ 绝招4：了解自己的独特需求

可以依照职业需求选择服装风格：金融业偏向套装类型，营销业则多用短背心、落肩衫、老爷裤等混搭。也可以依照个性、偏好、肤色的需求选择服装风格，例如浪漫的人会喜欢荷叶边和蕾丝设计；活泼好动的人会有功能性需求；而肤色深就适合穿亮色呈现很好的对比，但忌讳太浊的颜色。

◆ 绝招5：找出值得投资的项目

时尚元素包含服装、发型、妆容、鞋包和配件等，要量力而行，找出值得自己投资的项目，我自己也常用名牌与平价单品混搭，不见得全身穿着名牌就等于时尚。所谓"投资"当然是先从"搜集信息"开始。当季流行元素有哪些？什么是必入手的？按个人需求的先后顺序来调整，在这个过程中还要不停地尝试，通过试穿、试用来累积经验值，再按照自己的喜好入手。

特别感谢佑群老师长期参加我制作的《Taipei InDesign台北映时尚》节目，我们每周以双主播的方式做时尚访谈，和观众分享许多时尚主题，带领观众抓住国际潮流并快速了解当季流行重点；也非常开心佑群出了这本书，毫无保留地公开珍贵经验，把生活中的实用穿搭、美妆技巧以及衣柜和配件的收纳技巧教给大家。（文／温筱鸿）

温筱鸿
嘉裕股份有限公司 大中华区副总经理暨发言人
凯纳尔国际贸易（上海/北京）有限公司董事长
财团法人当代艺术基金会董事
台享股份有限公司总经理
鸿宣娱乐整合营销有限公司执行长
《Taipei In Design台北映时尚》《Stephanie's View 时尚名人荟》
节目制作人暨主持人

来学习筱鸿老师的多变造型吧！